JN271180

現代基礎数学 3

新井仁之・小島定吉・清水勇二・渡辺　治 編集

線形代数の基礎

和田昌昭 著

朝倉書店

編集委員

新井仁之（あらい ひとし）　東京大学大学院数理科学研究科

小島定吉（こじま さだよし）　東京工業大学大学院情報理工学研究科

清水勇二（しみず ゆうじ）　国際基督教大学教養学部理学科

渡辺　治（わたなべ おさむ）　東京工業大学大学院情報理工学研究科

まえがき

線形代数は科学技術分野において最も広く応用されている数学理論の一つであり，理工系のほとんどの大学・専門学校等において専門科目の基礎として教えられている．本書は，そのような講義科目の教科書として用いることを念頭に書かれた線形代数の入門書である．また，内容は一人で読み進められるように配慮してあるので，独習書として読むことも可能である．

線形代数について，大きく2つのアプローチが考えられる．入門書に多いのは，多数の例題や応用問題によってさっさと線形代数の使い方に慣れてしまおうというものである．実際的な応用においては計算ができなければ役に立たないのだから，まずは計算ができるようにというのは自然な発想である．

一方，専門書では概念や論理性に重点が置かれる．高度な応用では計算の背後にある考え方を理解することがより重要となるからである．線形性，基底，ランク等の概念を理解することで問題の本質を見通すことができるようになり，線形代数が本来の力を発揮するのである．ベクトル空間の公理から始めて理路整然と理論を展開している線形代数の教科書も多い．しかし，線形代数を習い始めた者がいきなりそのような専門書を読んで理解するのは困難であろう．

本書では，豊富な例題や演習問題によって読者の計算力を養いながら，同時にその背景にある考え方をわかりやすく説明することで，これら2つのアプローチをバランスよく両立させたつもりである．答えの求め方だけでなく，なぜそのような計算で答えが求まるかを省略せず丁寧に解説した．新しい概念が導入される時には，なぜそのような定義をするのかまで述べるように心がけた．全体の見通しが悪くならないよう，可能な限りコンパクトにまとめることにも留意した．本書の内容をマスターすれば，実際的な問題において線形代数を柔軟に活用できる力がつくと同時に，より高度な専門書も自然に読み進めるようになるはずである．

本書は，筆者がペンシルバニア大学で行った大学初年次向けのカルキュラス(微積分と線形代数)と，奈良女子大学理学部情報科学科において十数年にわたり講義した線形代数学の内容をもとに，独習が可能なように修正加筆してできたものである．演習問題は，これらの科目の期末試験問題から，学生がつまずきやすかった部分も考慮しながら精選したもので，解答も丁寧に付けてある．

第1章では，まず掃き出し法を解説する．掃き出し法は，連立1次方程式の実際的な解法としても理論的な意味でも非常に重要である．その後，行列と列ベクトル，逆行列，行列式について説明し，第4章で，それらが3次元ユークリッド空間の図形にどのように応用されるかを見る．

第5章では，改めてベクトル空間と線形写像の一般論を展開し，前半で登場した諸概念を理論的に捉え直す．第6章では線形写像の行列表示と標準化に関連して，固有値，固有ベクトルと対角化について述べ，複素ベクトル空間とジョルダン標準形についても簡単に触れる．

複素数は，本書においても何度か登場するが，線形代数のみならず数学の多くの理論とその応用分野において非常に重要な道具である．複素数に関する基本事項を付録にまとめておいたので，必要に応じて参照して欲しい．

本書は入門書であり紙数も限られていることから，商ベクトル空間，二次形式，テンソル代数，最小多項式，関数空間等の話題には触れることができなかった．本書を読み終えた読者は，ぜひ専門的な教科書によってそれらの発展的な話題についても学んで欲しい．

最後に，筆者が本書の執筆を引き受けてから執筆完了するまでにずいぶん時間がかかり，関係者の方々にご迷惑をおかけした．とくに朝倉書店編集部には，辛抱強く対応していただいた上に細やかな編集作業をしていただき，大変感謝している．

2009年4月

和田昌昭

目　　次

第 1 章

連立 1 次方程式と掃き出し法

CHAPTER 1

1.1 掃き出し法

連立 1 次方程式を解くには代入法や消去法などさまざまな方法があるが，ここでは掃き出し法とよばれる強力な解法を紹介する．

1.1.1 基本変形と掃き出し法

具体例から始めよう．

例題 1.1 次の連立 1 次方程式を解け．

$$\begin{cases} x + 2y + 3z = 2 \\ 3x + 4y + 5z = 6 \\ 7x + 8y + 6z = 11 \end{cases} \tag{1.1}$$

掃き出し法では方程式全体を次々と変形してゆくのだが，その際，変数名 "x, y, z" や等号 "$=$" は一切変化しないので，省略して書かないことにする．また，"$+, -$" の符号は係数に含めることにして，演算記号も省略する．すなわち，まず，連立 1 次方程式から係数のみを取り出して次のような行列を作る．

$$\left(\begin{array}{ccc|c} 1 & 2 & 3 & 2 \\ 3 & 4 & 5 & 6 \\ 7 & 8 & 6 & 11 \end{array}\right) \tag{1.2}$$

この行列に対して，基本変形とよばれる操作を次々と行う．

定義 1.2 (基本変形) 次の 3 種類の操作を行列の基本変形とよぶ.

① 2 つの行を入れ替える.

② ある行に 0 以外の定数をかける.

③ ある行の定数倍を別の行に加える.

行列 (1.2) に対して，次のように基本変形を行う.

第 1 行の -3 倍を第 2 行に加える.

$$\Rightarrow \left(\begin{array}{ccc|c} 1 & 2 & 3 & 2 \\ 0 & -2 & -4 & 0 \\ 7 & 8 & 6 & 11 \end{array}\right)$$

第 1 行の -7 倍を第 3 行に加える.

$$\Rightarrow \left(\begin{array}{ccc|c} 1 & 2 & 3 & 2 \\ 0 & -2 & -4 & 0 \\ 0 & -6 & -15 & -3 \end{array}\right)$$

第 2 行に $-1/2$ をかける.

$$\Rightarrow \left(\begin{array}{ccc|c} 1 & 2 & 3 & 2 \\ 0 & 1 & 2 & 0 \\ 0 & -6 & -15 & -3 \end{array}\right)$$

第 2 行の 6 倍を第 3 行に加える.

$$\Rightarrow \left(\begin{array}{ccc|c} 1 & 2 & 3 & 2 \\ 0 & 1 & 2 & 0 \\ 0 & 0 & -3 & -3 \end{array}\right)$$

第 3 行に $-1/3$ をかける.

$$\Rightarrow \left(\begin{array}{ccc|c} 1 & 2 & 3 & 2 \\ 0 & 1 & 2 & 0 \\ 0 & 0 & 1 & 1 \end{array}\right)$$

第 3 行の -3 倍を第 1 行に加える.

$$\Rightarrow \left(\begin{array}{ccc|c} 1 & 2 & 0 & -1 \\ 0 & 1 & 2 & 0 \\ 0 & 0 & 1 & 1 \end{array}\right)$$

第 3 行の -2 倍を第 2 行に加える.

$$\Rightarrow \left(\begin{array}{ccc|c} 1 & 2 & 0 & -1 \\ 0 & 1 & 0 & -2 \\ 0 & 0 & 1 & 1 \end{array}\right)$$

第 2 行の -2 倍を第 1 行に加える.

$$\Rightarrow \left(\begin{array}{ccc|c} 1 & 0 & 0 & 3 \\ 0 & 1 & 0 & -2 \\ 0 & 0 & 1 & 1 \end{array}\right)$$

ここで，行列の各行は方程式の変数，演算記号，等号を省略したものだったことを思い出すと，最後の行列は次の連立 1 次方程式を意味している.

$$\left\{\begin{array}{rcrcrcr} 1x & + & 0y & + & 0z & = & 3 \\ 0x & + & 1y & + & 0z & = & -2 \\ 0x & + & 0y & + & 1z & = & 1 \end{array}\right.$$

すなわち

$$\begin{cases} x = 3 \\ y = -2 \\ z = 1 \end{cases} \quad \text{あるいは} \quad \begin{pmatrix} x \\ y \\ z \end{pmatrix} = \begin{pmatrix} 3 \\ -2 \\ 1 \end{pmatrix}$$

これが方程式 (1.1) の解である．

このように，連立 1 次方程式，あるいはその係数を抜き出した行列に対して，次々と基本変形を施すことによって解を求める方法を掃き出し法 (row reduction) とよぶ．

基本変形を行列ではなく式の変形と考えれば，①は 2 つの式の順番を入れ替える操作，②は式の両辺に 0 でない数をかける操作であり，それらの操作を行っても変数に対する条件として変わらないのは明らかである．基本変形③も，第 k 行の c 倍を第 l 行に加えて得られる連立 1 次方程式に対し，逆に第 k 行の $-c$ 倍を第 l 行に加えればもとの連立 1 次方程式に戻ることから，やはり論理的に同値な条件に置き換えているだけである．したがって，基本変形を繰り返し行っても，式の見かけが変化するだけで，変数に対する条件としては同値なままである．

基本変形を適用する順序については，次の方針に従えばよい．行列

$$\left(\begin{array}{cccc|c} a_{11} & a_{12} & \dots & a_{1n} & b_1 \\ a_{21} & a_{22} & \dots & a_{2n} & b_2 \\ \vdots & \vdots & \ddots & \vdots & \vdots \\ a_{n1} & a_{n2} & \dots & a_{nn} & b_n \end{array}\right)$$

が与えられたとき，

1) 必要なら行の入れ替えを行って $a_{11} \neq 0$ とする．
2) 第 1 行に $1/a_{11}$ をかけて $a_{11} = 1$ とする．
3) $i = 2, \dots, n$ について順に第 1 行の $-a_{i1}$ 倍を第 i 行に加えて $a_{i1} = 0$ とする．

この段階で行列は次のようになっている．

$$\left(\begin{array}{cccc|c} 1 & * & \dots & * & * \\ 0 & * & \dots & * & * \\ \vdots & \vdots & \ddots & \vdots & \vdots \\ 0 & * & \dots & * & * \end{array}\right)$$

次に

1) 必要なら第2～n行で行の入れ替えを行って$a_{22} \neq 0$とする.
2) 第2行に$1/a_{22}$をかけて$a_{22} = 1$とする.
3) $i = 3, \dots, n$について順に第2行の$-a_{i2}$倍を第i行に加えて$a_{i2} = 0$とする.

すると，行列は次のようになる.

$$\left(\begin{array}{ccccc|c} 1 & * & * & \dots & * & * \\ 0 & 1 & * & \dots & * & * \\ 0 & 0 & * & \dots & * & * \\ \vdots & \vdots & \vdots & \ddots & \vdots & \vdots \\ 0 & 0 & * & \dots & * & * \end{array}\right)$$

このように，対角成分$a_{11}, a_{22}, \dots$を順に1にして(これをピボットとよぶ)，それを用いてその下の要素をすべてゼロにする操作を続けてゆけば，対角成分が1でその下の要素がすべてゼロの行列になる[*1].

$$\left(\begin{array}{ccccc|c} 1 & * & * & \dots & * & * \\ 0 & 1 & * & \dots & * & * \\ 0 & 0 & 1 & \ddots & \vdots & \vdots \\ \vdots & \vdots & \ddots & \ddots & * & * \\ 0 & 0 & \dots & 0 & 1 & * \end{array}\right)$$

今度は，

a) $i = 1, \dots, n-1$について順に第n行の$-a_{in}$倍を第i行に加えて，$a_{in} = 0$とする，
b) $i = 1, \dots, n-2$について順に第$n-1$行の$-a_{in-1}$倍を第i行に加えて，

*1) 掃き出し法にはいくつかバリエーションがあり，ピボットを1にせずにそのまま残す流儀もある.

$a_{in-1} = 0$ とする．

というように，右下から左上に向かって順番に，ピボットの上の行列要素をゼロにする操作を繰り返してゆき，最終的に次のような形まで変形する．

$$\left(\begin{array}{ccccc|c} 1 & 0 & 0 & \dots & 0 & c_1 \\ 0 & 1 & 0 & \dots & 0 & c_2 \\ 0 & 0 & 1 & \ddots & \vdots & \vdots \\ \vdots & \vdots & \ddots & \ddots & 0 & \vdots \\ 0 & 0 & \dots & 0 & 1 & c_n \end{array}\right)$$

最後の行列は，連立 1 次方程式の解が

$$\begin{pmatrix} x_1 \\ \vdots \\ x_n \end{pmatrix} = \begin{pmatrix} c_1 \\ \vdots \\ c_n \end{pmatrix}$$

であることを意味する．これが掃き出し法の流れである．

実は，上の方針ではうまくいかない例外的な場合が存在するのだが，それについて次に説明しよう．

1.1.2 解が無数にある場合

次の連立 1 次方程式を考える．

$$\left\{\begin{array}{rcrcrcr} x & + & 2y & + & 3z & = & -1 \\ 3x & + & 4y & + & 5z & = & 1 \\ 6x & + & 7y & + & 8z & = & 4 \end{array}\right. \tag{1.3}$$

これに掃き出し法を適用してみれば，途中経過を省略して，結果は次のようになる．

$$\left(\begin{array}{ccc|c} 1 & 2 & 3 & -1 \\ 3 & 4 & 5 & 1 \\ 6 & 7 & 8 & 4 \end{array}\right) \Longrightarrow \left(\begin{array}{ccc|c} 1 & 2 & 3 & -1 \\ 0 & 1 & 2 & -2 \\ 0 & 0 & 0 & 0 \end{array}\right)$$

1.1 節の方針に従えば，ここで第 3 行目以降の行の入れ替えによって $a_{33} \neq 0$ としたいのだが，それは無理である．

考えてみれば，第 3 行に対応する方程式は両辺ともゼロだから，変数 x, y, z に対する条件としてはあってもなくても同じことである．つまり，この連立 1 次方程式は，見かけ上は式が 3 つだが，実はそのうちの一つは他の 2 つの式から導かれるという意味で，本質的には 2 つの式のみからなる連立 1 次方程式だったということである．

ところで，このような場合も，掃き出しの操作を進めることによって，とりあえず得られたピボットの上の要素をゼロにすることはできる．今の場合，第 2 行の -2 倍を第 1 行に加えて，次のようになる．

$$\Rightarrow \left(\begin{array}{ccc|c} 1 & 0 & -1 & 3 \\ 0 & 1 & 2 & -2 \\ 0 & 0 & 0 & 0 \end{array}\right)$$

この行列に対応する方程式は，

$$\begin{cases} x \quad\quad - \ z = 3 \\ \quad\ y + 2z = -2 \end{cases}$$

であって，明らかに無数の解が存在する．実際，z の値は自由に決めることができて，$z = a$ (a は任意の実数) とおけば，方程式 (1.3) の解を

$$\begin{cases} x = 3 + a \\ y = -2 - 2a \\ z = a \end{cases} \quad \text{あるいは} \quad \begin{pmatrix} x \\ y \\ z \end{pmatrix} = \begin{pmatrix} 3 \\ -2 \\ 0 \end{pmatrix} + a \begin{pmatrix} 1 \\ -2 \\ 1 \end{pmatrix}$$

のように表すことができる．解は無数にあるが，任意の値をとるパラメータ a を導入することによって，すべての解をうまく表すことができるわけである．

このように，パラメータを用いて無数にある解を表すことを，解をパラメータ表示する (parameterize) という．

1.1.3　解なしの場合

もう 1 つ例外的な状況が存在する．次の連立 1 次方程式を考えよう．

$$\begin{cases} x - 2y - z = 0 \\ x - y + 2z = 2 \\ \quad\ 2y + 6z = 5 \end{cases} \tag{1.4}$$

これに掃き出し法を適用すると，結果は次のようになる．

$$\left(\begin{array}{ccc|c} 1 & -2 & -1 & 0 \\ 1 & -1 & 2 & 2 \\ 0 & 2 & 6 & 5 \end{array}\right) \Longrightarrow \left(\begin{array}{ccc|c} 1 & -2 & -1 & 0 \\ 0 & 1 & 3 & 2 \\ 0 & 0 & 0 & 1 \end{array}\right)$$

3 つ目のピボットを作れない状況は方程式 (1.3) の場合と同じだが，今回は第 3 行に対応する式が $0 = 1$ である．変数 x, y, z をどのようにとっても，この条件を満たすことができないのは明らかであるから，方程式 (1.4) の解は存在しない．

さて，これまでは，掃き出し法の流れをわかりやすくするために具体例を用いて説明してきたが，次節では一般的な連立 1 次方程式を考察することにしよう．

1.2　一般の連立 1 次方程式

もっとも一般的な連立 1 次方程式は，変数の数を n，方程式の数を m として，次のように表すことができる．

$$\left\{\begin{array}{ccccccccc} a_{11}x_1 & + & a_{12}x_2 & + & \cdots & + & a_{1n}x_n & = & b_1 \\ a_{21}x_1 & + & a_{22}x_2 & + & \cdots & + & a_{2n}x_n & = & b_2 \\ \vdots & & \vdots & & \vdots & & \vdots & & \vdots \\ a_{m1}x_1 & + & a_{m2}x_2 & + & \cdots & + & a_{mn}x_n & = & b_m \end{array}\right. \tag{1.5}$$

まず係数を取り出して行列を作る．

$$\left(\begin{array}{cccc|c} a_{11} & a_{12} & \ldots & a_{1n} & b_1 \\ a_{21} & a_{22} & \ldots & a_{2n} & b_2 \\ \vdots & \vdots & \vdots & \vdots & \vdots \\ a_{m1} & a_{m2} & \ldots & a_{mn} & b_m \end{array}\right)$$

1.1 節の掃き出し法の方針に従って基本変形を行ってゆくと，典型的にはピボットが対角成分上に並び，次のような形になる．

$$
\left(\begin{array}{ccccccc|c}
1 & 0 & \ldots & 0 & * & \ldots & * & * \\
 & 1 & \ddots & \vdots & \vdots & \ddots & \vdots & \vdots \\
 & & \ddots & 0 & \vdots & \ddots & \vdots & \vdots \\
 & & & 1 & * & \ldots & * & * \\
 & & & & & & & * \\
\mathbf{0} & & & & & & & \vdots
\end{array}\right)
$$

その過程で，唯一行き詰まる可能性があるのは，1) の，基本変形①を用いてピボットを作ろうとする位置にゼロでない要素を移動する操作である．もしもその位置とその下の要素がすべてゼロであれば，そこにピボットを作ることができない．その場合は，ピボットを作ることができる位置まで列を右にずらすことにする．この変更によって，ともあれ掃き出しの操作を最後まで続けることができるようになった．掃き出しの結果は，一般的には次のような形になる．

$$
\left(\begin{array}{cccccccccc|c}
1 & * & \ldots & 0 & * & \ldots & \ldots & 0 & * & \ldots & * \\
 & & & 1 & * & \ldots & \ldots & 0 & * & \ldots & * \\
 & & & & & & \ddots & \vdots & \vdots & & \vdots \\
 & & & & & & & 1 & * & \ldots & * \\
 & & \mathbf{0} & & & & & & & & * \\
 & & & & & & & & & & \vdots
\end{array}\right)
$$

ここで，階段の角はピボットを表す．階段の下側の要素は，方程式の右辺に対応する最右列を除きすべてゼロであるが，もしここで最右列で階段の下側にゼロでない要素が一つでも残っていれば，与えられた方程式は解なしである．

解が存在する場合は，掃き出しを最後まで実行すると，ピボットの上下の要素がすべてゼロになることに注意する．このとき，解を得るには，**ピボットに対応しない変数に対し独立なパラメータを設定**すればよい．ピボットの上下の要素がすべてゼロということは，ピボットに対応する変数 x_i が，連立方程式全体でその方程式にしか登場しないことを意味する．その方程式において，x_i 以外の変数はすべてパラメータが設定されるのだから，移項することにより x_i はパラメータで表すことができる．

具体例として，次の連立 1 次方程式を考えよう．

$$\left\{\begin{array}{ccccccccccc} x_1 & + & x_2 & - & x_3 & + & 2x_4 & + & x_5 & = & 0 \\ & & x_2 & + & x_3 & + & x_4 & - & 3x_5 & = & 1 \\ & & & & & & x_4 & - & x_5 & = & 2 \end{array}\right. \tag{1.6}$$

これに掃き出し法を適用すると，結果は次のようになる．

$$\left(\begin{array}{ccccc|c} 1 & 1 & -1 & 2 & 1 & 0 \\ 0 & 1 & 1 & 1 & -3 & 1 \\ 0 & 0 & 0 & 1 & -1 & 2 \end{array}\right) \Longrightarrow \left(\begin{array}{ccccc|c} 1 & 0 & -2 & 0 & 5 & -3 \\ 0 & 1 & 1 & 0 & -2 & -1 \\ 0 & 0 & 0 & 1 & -1 & 2 \end{array}\right)$$

最後の行列を方程式で書けば，

$$\left\{\begin{array}{ccccccccc} x_1 & & - & 2x_3 & & + & 5x_5 & = & -3 \\ & x_2 & + & x_3 & & - & 2x_5 & = & -1 \\ & & & & x_4 & - & x_5 & = & 2 \end{array}\right.$$

であるが，ここで，ピボットに対応しない変数である x_3, x_5 に対しパラメータを設定し，$x_3 = a, x_5 = b$ (a, b は任意の実数) とおけば，方程式 (1.6) の解は，

$$\left\{\begin{array}{ccl} x_1 & = & -3 + 2a - 5b \\ x_2 & = & -1 - a + 2b \\ x_3 & = & a \\ x_4 & = & 2 + b \\ x_5 & = & b \end{array}\right.$$

または，

$$\begin{pmatrix} x_1 \\ x_2 \\ x_3 \\ x_4 \\ x_5 \end{pmatrix} = \begin{pmatrix} -3 \\ -1 \\ 0 \\ 2 \\ 0 \end{pmatrix} + a \begin{pmatrix} 2 \\ -1 \\ 1 \\ 0 \\ 0 \end{pmatrix} + b \begin{pmatrix} -5 \\ 2 \\ 0 \\ 1 \\ 1 \end{pmatrix}$$

と表すことができる．

最後に，連立 1 次方程式 (1.5) において右辺の b_i がすべて 0 の場合を考えよう．このとき

$$x_1 = \cdots = x_n = 0$$

は解であるが，これを自明な解とよぶ．ピボットの数は m 以下であるから，$m < n$ であればピボットに対応しない変数が存在し，それらの変数の値は自由に設定できることから，非自明な解が存在することがわかる．

命題 1.3　連立 1 次方程式 (1.5) において右辺の b_i がすべて 0 のとき，$m < n$ であれば必ず非自明な解が存在する．

演 習 問 題

1. 1　掃き出し法を用いて次の連立 1 次方程式を解け．

$$\begin{cases} x_1 + x_2 + x_3 = 1 \\ x_1 + x_2 + x_4 = 1 \\ x_1 + x_3 + x_4 = 1 \\ x_2 + x_3 + x_4 = 1 \end{cases}$$

1. 2　次の行列 $\boldsymbol{A}$ に対し，1. 2 節で述べた手順に従って掃き出しを行え．

$$\boldsymbol{A} = \left(\begin{array}{ccc|c} 1 & 2 & -1 & 1 \\ 1 & 2 & 1 & 5 \\ 1 & 2 & 2 & 7 \end{array}\right)$$

その結果を用いて，連立 1 次方程式

$$\begin{cases} x + 2y - z = 1 \\ x + 2y + z = 5 \\ x + 2y + 2z = 7 \end{cases}$$

の解を求め，パラメータ表示せよ．

1. 3　次の連立 1 次方程式を解き，解をパラメータ表示せよ．

$$\begin{cases} x_1 + 3x_3 = 2 \\ 2x_1 + x_2 + 2x_3 + x_4 = 3 \\ 2x_1 + 2x_2 - 2x_3 + 2x_4 = 2 \\ 3x_1 + 2x_2 + x_3 + 2x_4 = 4 \end{cases}$$

1. 4　次の連立 1 次方程式を解き，解をパラメータ表示せよ．

$$\begin{cases} \qquad\qquad\qquad\qquad x_3 + 2x_4 + 2x_5 + 2x_6 = 4 \\ 2x_1 + 2x_2 + 3x_3 + 3x_4 + 6x_5 + 6x_6 = 6 \end{cases}$$

1.5 変数 x, y, z に関する 1 次式

$$x + y + z = 1$$

を，式が一つだけの連立 1 次方程式と考えて解き，解をパラメータ表示せよ．

第2章

行　　列

CHAPTER 2

2.1　行　　列

2.1.1　行列の定義

数を長方形状に並べたものを行列 (matrix) という．普通カッコでくくって

$$
\begin{pmatrix}
a_{11} & a_{12} & \dots & a_{1n} \\
a_{21} & a_{22} & \dots & a_{2n} \\
\vdots & \vdots & \vdots & \vdots \\
a_{m1} & a_{m2} & \dots & a_{mn}
\end{pmatrix}
$$

のように表す．行列の横向きの並びを行 (row) といい，上から順に第1行，第2行などとよぶ．また，縦向きの並びは列 (column) といい，左から第1列，第2列などとよぶ．m 行 n 列からなる行列のことを，$m \times n$ 行列という．とくに $m = n$ の場合，$n \times n$ 行列を n 次正方行列とよぶ．

行列を表す記号としては，習慣上太字体の大文字を用い，たとえば上記の行列を $\boldsymbol{A}$ と書く．行列 $\boldsymbol{A}$ の次元が m 行 n 列とあらかじめわかっている場合は，紙数を節約するために，$\boldsymbol{A} = (a_{ij})$ と書いてそのことを表したりもする．

行列 $\boldsymbol{A}$ を構成する個々の数 a_{ij} を行列 $\boldsymbol{A}$ の成分，または，要素 (element, entry, component) とよぶ．とくに，第 i 行第 j 列の位置の成分 a_{ij} は，$\boldsymbol{A}$ の (i, j) 成分とよばれる．$\boldsymbol{A}$ の (i, j) 成分を $\boldsymbol{A}_{ij}$ で表す．

すべての成分が0の行列をゼロ行列とよぶ．ゼロ行列を $\boldsymbol{0}$ で表すことがある．

$\boldsymbol{A}$ の (i, j) 成分のうちとくに $i = j$ となっている a_{ii} の形のものを，$\boldsymbol{A}$ の対角成分とよぶ．$\boldsymbol{A}$ が正方行列で対角成分以外がすべて0であれば，$\boldsymbol{A}$ は対角行列 (diagonal matrix) であるという．正方行列で対角成分より左下の成分がす

べて 0，すなわち，

$$i > j \quad \Rightarrow \quad \boldsymbol{A}_{ij} = 0$$

を満たすものは上三角行列とよばれる．また，正方行列で対角成分より右上の成分がすべて 0 のものは下三角行列とよばれる．

行列は数を長方形状に並べたものと書いたが，本質的なのは成分であって並べ方ではない．使うカッコの種類などはどうでもよく，丸括弧でも角括弧でも好きなものを使えばよい[*1]．大事なのは，行列の次元が m 行 n 列とわかっており，(i, j) 成分がはっきりしていることである．

2 つの行列が等しいとは，次元が等しく，かつ，対応する成分がすべて等しいことを意味する．

2.1.2 和とスカラー倍

行列 $\boldsymbol{A}$ と $\boldsymbol{B}$ の和，および，実数 λ に対して $\boldsymbol{A}$ の λ 倍は，それぞれ次で定義される．

$$\begin{aligned} &\begin{pmatrix} a_{11} & \ldots & a_{1n} \\ \vdots & \vdots & \vdots \\ a_{m1} & \ldots & a_{mn} \end{pmatrix} + \begin{pmatrix} b_{11} & \ldots & b_{1n} \\ \vdots & \vdots & \vdots \\ b_{m1} & \ldots & b_{mn} \end{pmatrix} \\ &\qquad = \begin{pmatrix} a_{11} + b_{11} & \ldots & a_{1n} + b_{1n} \\ \vdots & \vdots & \vdots \\ a_{m1} + b_{m1} & \ldots & a_{mn} + b_{mn} \end{pmatrix} \end{aligned} \tag{2.1}$$

$$\lambda \begin{pmatrix} a_{11} & \ldots & a_{1n} \\ \vdots & \vdots & \vdots \\ a_{m1} & \ldots & a_{mn} \end{pmatrix} = \begin{pmatrix} \lambda a_{11} & \ldots & \lambda a_{1n} \\ \vdots & \vdots & \vdots \\ \lambda a_{m1} & \ldots & \lambda a_{mn} \end{pmatrix} \tag{2.2}$$

なお，行列 $\boldsymbol{A}$ と $\boldsymbol{B}$ の次元が違っている場合には，和 $\boldsymbol{A} + \boldsymbol{B}$ は定義されない．

上のように書けば行列の和とスカラー倍の定義は理解できる思うが，これを成分で表した，

[*1] ただし，縦棒で囲まれている場合は，後で述べる行列式を表していることがあるので注意が必要である．

$$(\boldsymbol{A}+\boldsymbol{B})_{ij} = \boldsymbol{A}_{ij} + \boldsymbol{B}_{ij} \tag{2.3}$$

$$(\lambda \boldsymbol{A})_{ij} = \lambda \boldsymbol{A}_{ij} \tag{2.4}$$

を見て同じ内容を理解することが大事である．たとえば (2.3) は，$\boldsymbol{A}+\boldsymbol{B}$ と書かれる行列の (i,j) 成分が行列 $\boldsymbol{A}$ の (i,j) 成分と行列 $\boldsymbol{B}$ の (i,j) 成分を加えたものであることを示しており，内容的には (2.1) とまったく同じであることがわかるだろうか．最初は，(2.1) がわかりやすいと感じるかもしれないが，式が複雑になるにつれて，(2.3) の簡潔性が有用になってくる．成分による表示に慣れてほしい．

2.1.3 行 列 の 積

行列の積は少しややこしい．まず，行列 $\boldsymbol{A}$ と行列 $\boldsymbol{B}$ の積が定義されるのは，$\boldsymbol{A}$ の列の数と $\boldsymbol{B}$ の行の数が一致しているときだけである．

$\boldsymbol{A}$ が $m \times n$ 行列，$\boldsymbol{B}$ が $n \times p$ 行列のとき，積 $\boldsymbol{C} = \boldsymbol{AB}$ は $m \times p$ 行列であって，その成分は，

$$\boldsymbol{C}_{ij} = \boldsymbol{A}_{i1}\boldsymbol{B}_{1j} + \boldsymbol{A}_{i2}\boldsymbol{B}_{2j} + \cdots + \boldsymbol{A}_{in}\boldsymbol{B}_{nj}$$

または，同じことだが

$$\boldsymbol{C}_{ij} = \sum_{k=1}^{n} \boldsymbol{A}_{ik}\boldsymbol{B}_{kj}$$

と定義される．ここで，$\sum_{k=1}^{n}$ は，項中の変数 k を 1 から n まで変更し，それらをすべて加えることを意味する記号である．

たとえば

$$\boldsymbol{A} = \begin{pmatrix} 1 & 2 \\ 3 & 4 \\ 5 & 6 \end{pmatrix} \qquad \boldsymbol{B} = \begin{pmatrix} 1 & 2 & 3 \\ 4 & 5 & 6 \end{pmatrix}$$

のとき $\boldsymbol{AB}$ は 3×3 行列で，

$$\begin{pmatrix} 1\times1+2\times4 & 1\times2+2\times5 & 1\times3+2\times6 \\ 3\times1+4\times4 & 3\times2+4\times5 & 3\times3+4\times6 \\ 5\times1+6\times4 & 5\times2+6\times5 & 5\times3+6\times6 \end{pmatrix} = \begin{pmatrix} 9 & 12 & 15 \\ 19 & 26 & 33 \\ 29 & 40 & 51 \end{pmatrix}$$

となる．一方，$\boldsymbol{BA}$ は 2×2 行列

$$\begin{pmatrix} 1\times 1+2\times 3+3\times 5 & 1\times 2+2\times 4+3\times 6 \\ 4\times 1+5\times 3+6\times 5 & 4\times 2+5\times 4+6\times 6 \end{pmatrix} = \begin{pmatrix} 22 & 28 \\ 49 & 64 \end{pmatrix}$$

であって，$\boldsymbol{AB}$ と $\boldsymbol{BA}$ は次元も異なるまったく別の行列である．$\boldsymbol{A}, \boldsymbol{B}$ が n 次正方行列のときは，$\boldsymbol{AB}, \boldsymbol{BA}$ ともに n 次正方行列となるが，その場合もこれらの行列は一致するとは限らない．すなわち，行列の積においては一般に交換法則は成り立たない．

しかしながら，結合法則と分配法則はつねに成り立つ．

2.1.4　結合法則と分配法則

命題 2.1 (結合法則)　次が成り立つ．

$$(\boldsymbol{AB})\boldsymbol{C} = \boldsymbol{A}(\boldsymbol{BC}) \tag{2.5}$$

証明　両辺とも，意味をもつのは $\boldsymbol{A}: m\times n$ 行列，$\boldsymbol{B}: n\times p$ 行列，$\boldsymbol{C}: p\times q$ 行列となっている場合のみである．このとき左辺の (i,j) 成分を計算すると，

$$\begin{aligned} ((\boldsymbol{AB})\boldsymbol{C})_{ij} &= \sum_{l=1}^{p} (\boldsymbol{AB})_{il} \boldsymbol{C}_{lj} \\ &= \sum_{l=1}^{p} (\sum_{k=1}^{n} \boldsymbol{A}_{ik} \boldsymbol{B}_{kl}) \boldsymbol{C}_{lj} \\ &= \sum_{l=1}^{p} \sum_{k=1}^{n} \boldsymbol{A}_{ik} \boldsymbol{B}_{kl} \boldsymbol{C}_{lj} \end{aligned} \tag{2.6}$$

一方，右辺の (i,j) 成分は，

$$\begin{aligned} (\boldsymbol{A}(\boldsymbol{BC}))_{ij} &= \sum_{k=1}^{n} \boldsymbol{A}_{ik} (\boldsymbol{BC})_{kj} \\ &= \sum_{k=1}^{n} \boldsymbol{A}_{ik} (\sum_{l=1}^{p} \boldsymbol{B}_{kl} \boldsymbol{C}_{lj}) \\ &= \sum_{k=1}^{n} \sum_{l=1}^{p} \boldsymbol{A}_{ik} \boldsymbol{B}_{kl} \boldsymbol{C}_{lj} \end{aligned} \tag{2.7}$$

ここで，(2.6), (2.7) はどちらも，$k = 1, \ldots, n$ と $l = 1, \ldots, p$ を組み合わせた

np 通りのすべての場合について項 $\boldsymbol{A}_{ik}\boldsymbol{B}_{kl}\boldsymbol{C}_{lj}$ を足し合わせたものを意味しているから相等しい．左辺の (i,j) 成分と右辺の (i,j) 成分がすべて等しいことがわかったので，(2.5) が証明された．(証明終)

命題 2.2 (分配法則)　次が成り立つ．

$$\boldsymbol{A}(\boldsymbol{B}+\boldsymbol{C}) = \boldsymbol{AB}+\boldsymbol{AC} \tag{2.8}$$

$$(\boldsymbol{A}+\boldsymbol{B})\boldsymbol{C} = \boldsymbol{AC}+\boldsymbol{BC} \tag{2.9}$$

証明　$\boldsymbol{A}$ は $m\times n$ 行列，$\boldsymbol{B},\boldsymbol{C}$ は $n\times p$ 行列とする．このとき，

$$\begin{aligned}(\boldsymbol{A}(\boldsymbol{B}+\boldsymbol{C}))_{ij} &= \sum_{k=1}^{n}\boldsymbol{A}_{ik}(\boldsymbol{B}+\boldsymbol{C})_{kj}\\ &= \sum_{k=1}^{n}\boldsymbol{A}_{ik}(\boldsymbol{B}_{kj}+\boldsymbol{C}_{kj})\\ &= \sum_{k=1}^{n}\boldsymbol{A}_{ik}\boldsymbol{B}_{kj}+\sum_{k=1}^{n}\boldsymbol{A}_{ik}\boldsymbol{C}_{kj}\\ &= (\boldsymbol{AB})_{ij}+(\boldsymbol{AC})_{ij}\end{aligned}$$

であるから (2.8) が成り立つ．同様の計算で，(2.9) も示すことができる．(証明終)

同様に，$\lambda\in\mathbf{R}$ に対して次が成り立つことも容易に証明できる．

$$(\lambda\boldsymbol{A})\boldsymbol{B} = \boldsymbol{A}(\lambda\boldsymbol{B}) = \lambda(\boldsymbol{AB})$$

2.1.5　単 位 行 列

n 次対角行列ですべての対角成分が 1 のものを n 次単位行列 (identity matrix) とよび，$\mathbf{1}_n, \boldsymbol{I}_n$，または次数 n を省略して，$\mathbf{1}, \boldsymbol{I}$ などの記号で表す．すなわち，

$$(\mathbf{1}_n)_{ij} = \delta_{ij} \equiv \begin{cases} 1 & (i=j\ のとき)\\ 0 & (i\neq j\ のとき)\end{cases}$$

ここで，δ_{ij} はクロネッカーのデルタ (Kronecker's delta) とよばれ，$i=j$ の

とき 1，$i \neq j$ のとき 0 を表す記号である．

任意の $m \times n$ 行列 $\boldsymbol{A}$ に対して，

$$\boldsymbol{A1} = \boldsymbol{A}$$

が成り立つ．実際，(i, j) 成分を計算してみれば，

$$(\boldsymbol{A1})_{ij} = \sum_{k=1}^{n} \boldsymbol{A}_{ik} \delta_{kj} = \boldsymbol{A}_{ij}$$

同様に，任意の $n \times p$ 行列 $\boldsymbol{B}$ に対して，

$$\boldsymbol{1B} = \boldsymbol{B}$$

が成り立つ．

2.1.6　転 置 行 列

$\boldsymbol{A}$ を $m \times n$ 行列とするとき，$\boldsymbol{A}$ の行と列を入れ替えたもの，すなわち，$n \times m$ 行列 ${}^t\boldsymbol{A}$ であって，

$${}^t\boldsymbol{A}_{ij} = \boldsymbol{A}_{ji}$$

によって定義されるものを，$\boldsymbol{A}$ の転置行列 (transpose) とよぶ．

転置を 2 回行えば，当然，元に戻る．すなわち，${}^t({}^t\boldsymbol{A}) = \boldsymbol{A}$.

行列の積は，転置すると逆順になることに注意せよ．

命題 2.3　$\boldsymbol{A}$ は $m \times n$ 行列，$\boldsymbol{B}$ は $n \times p$ 行列とする．このとき，

$${}^t(\boldsymbol{AB}) = {}^t\boldsymbol{B}\,{}^t\boldsymbol{A}$$

証明　両辺の (i, j) 成分どうしが等しいことを示せばよい．

$$\begin{aligned} {}^t(\boldsymbol{AB})_{ij} &= (\boldsymbol{AB})_{ji} \\ &= \sum_{k=1}^{n} \boldsymbol{A}_{jk} \boldsymbol{B}_{ki} \\ &= \sum_{k=1}^{n} {}^t\boldsymbol{B}_{ik}\,{}^t\boldsymbol{A}_{kj} \end{aligned}$$

$$= ({}^t\boldsymbol{B}{}^t\boldsymbol{A})_{ij}$$

(証明終)

2.2 列ベクトル

ここで，列ベクトルについてまとめて述べておく．$n \times 1$ 行列を n 次元列ベクトルとよび，n 次元列ベクトル全体の集合を $\mathbf{R}^n$ で表す．

列ベクトルを表すには，習慣的に太字体の小文字を用い，

$$\boldsymbol{v} = \begin{pmatrix} v_1 \\ \vdots \\ v_n \end{pmatrix} \tag{2.10}$$

のように書くことが多い．

すべての成分が 0 のベクトルをゼロベクトルとよび，$\mathbf{0}$ で表す．

第 i 成分 $(i = 1, \ldots, n)$ が 1 でそれ以外の成分がすべて 0 の列ベクトル

$$\boldsymbol{e}_1 = \begin{pmatrix} 1 \\ 0 \\ \vdots \\ 0 \end{pmatrix}, \quad \boldsymbol{e}_2 = \begin{pmatrix} 0 \\ 1 \\ \vdots \\ 0 \end{pmatrix}, \quad \ldots, \quad \boldsymbol{e}_n = \begin{pmatrix} 0 \\ 0 \\ \vdots \\ 1 \end{pmatrix}$$

を $\mathbf{R}^n$ の基本ベクトルとよぶ．(2.10) の列ベクトル $\boldsymbol{v}$ は基本ベクトルを用いて，

$$\boldsymbol{v} = \sum_{i=1}^{n} v_i \boldsymbol{e}_i$$

と表すことができる．

列ベクトルは，行列の一種であるから，自然に和やスカラー倍が定義されている．また，行列に対して成り立つ結合法則や分配法則などもすべて成り立つ．ここにその一部を挙げる．以下で $\boldsymbol{A}, \boldsymbol{B}$ は $m \times n$ 行列，$\boldsymbol{u}, \boldsymbol{v}$ は n 次元列ベクトルとする．

$$(\boldsymbol{AB})\boldsymbol{v} = \boldsymbol{A}(\boldsymbol{Bv})$$

$$\boldsymbol{A}(\boldsymbol{u} + \boldsymbol{v}) = \boldsymbol{Au} + \boldsymbol{Av}$$

$$(\boldsymbol{A}+\boldsymbol{B})\boldsymbol{v} = \boldsymbol{A}\boldsymbol{v} + \boldsymbol{B}\boldsymbol{v}$$

$$\boldsymbol{A}(\lambda\boldsymbol{v}) = \lambda(\boldsymbol{A}\boldsymbol{v})$$

$$\mathbf{1}\boldsymbol{v} = \boldsymbol{v}$$

行列を，列ベクトルを横に並べたものと考えると便利なことがある．次の2つの命題は簡単な計算で確かめられる．

命題 2.4 $m \times n$ 行列 $\boldsymbol{A}$ の第 j 列を列ベクトルと考えて $\boldsymbol{a}_j$ と書き，

$$\boldsymbol{A} = (\boldsymbol{a}_1, \ldots, \boldsymbol{a}_n)$$

とするとき，$\mathbf{R}^n$ の基本ベクトル $\boldsymbol{e}_j$ に対して次が成り立つ．

$$\boldsymbol{A}\boldsymbol{e}_j = \boldsymbol{a}_j$$

命題 2.5 $\boldsymbol{A}$ を $m \times n$ 行列，$\boldsymbol{B}$ を $n \times p$ 行列とする．$\boldsymbol{B}$ の第 j 列を列ベクトルと考えて $\boldsymbol{b}_j$ と書き，

$$\boldsymbol{B} = (\boldsymbol{b}_1, \ldots, \boldsymbol{b}_p)$$

と表すとき，積 $\boldsymbol{AB}$ の第 j 列は $\boldsymbol{A}\boldsymbol{b}_j$ であり，

$$\boldsymbol{AB} = (\boldsymbol{A}\boldsymbol{b}_1, \ldots, \boldsymbol{A}\boldsymbol{b}_p)$$

となる．

n 次元列ベクトルの転置，すなわち，$1 \times n$ 行列を，n 次元行ベクトルとよぶ．行ベクトルについても，列ベクトルと類似の性質が成り立つ．

2.3 逆 行 列

2.3.1 逆行列の定義

$\boldsymbol{A}$ を n 次正方行列とする．これに対し，n 次正方行列 $\boldsymbol{B}$ で，

$$\boldsymbol{AB} = \boldsymbol{BA} = \mathbf{1} \tag{2.11}$$

を満たすものが存在するとき，この $\boldsymbol{B}$ を $\boldsymbol{A}$ の逆行列 (inverse) とよぶ．

命題 2.6　$\boldsymbol{A}$ を n 次正方行列とする．このとき，n 次正方行列 $\boldsymbol{B}', \boldsymbol{B}''$ がそれぞれ，

$$\boldsymbol{A}\boldsymbol{B}' = \mathbf{1}, \qquad \boldsymbol{B}''\boldsymbol{A} = \mathbf{1}$$

を満たすならば，$\boldsymbol{B}' = \boldsymbol{B}''$ である．

証明　仮定と結合法則より，

$$\boldsymbol{B}' = \mathbf{1}\boldsymbol{B}' = (\boldsymbol{B}''\boldsymbol{A})\boldsymbol{B}' = \boldsymbol{B}''(\boldsymbol{A}\boldsymbol{B}') = \boldsymbol{B}''\mathbf{1} = \boldsymbol{B}''$$

(証明終)

$\boldsymbol{B}', \boldsymbol{B}''$ をともに $\boldsymbol{A}$ の逆行列とすれば命題 2.6 より必ず $\boldsymbol{B}' = \boldsymbol{B}''$ となるから，$\boldsymbol{A}$ の逆行列が存在するとすればそれはただ一つに決まる．それを $\boldsymbol{A}^{-1}$ で表す．

あとで系 3.26 において証明するが，実は条件 (2.11) で，$\boldsymbol{A}\boldsymbol{B} = \mathbf{1}$ と $\boldsymbol{B}\boldsymbol{A} = \mathbf{1}$ のうち一方が成り立てば他方も自動的に成り立つことがわかっている．したがって，逆行列かどうかを見るには，$\boldsymbol{A}\boldsymbol{B} = \mathbf{1}$, $\boldsymbol{B}\boldsymbol{A} = \mathbf{1}$ のいずれか一方のみ確かめればよいことになる．

2.3.2　正則行列と一般線形群

定義 2.7 (正則行列)　n 次正方行列 $\boldsymbol{A}$ の逆行列が存在するとき，$\boldsymbol{A}$ は正則行列 (nonsingular matrix) であるという．n 次正則行列全体の集合を n 次一般線形群 (general linear group) とよび，$GL(n, \mathbf{R})$ で表す．

$\boldsymbol{A}, \boldsymbol{B}$ が n 次正則行列のとき，それらの積 $\boldsymbol{A}\boldsymbol{B}$ も正則行列であり，

$$(\boldsymbol{A}\boldsymbol{B})^{-1} = \boldsymbol{B}^{-1}\boldsymbol{A}^{-1}$$

である．実際，

$$(\boldsymbol{A}\boldsymbol{B})(\boldsymbol{B}^{-1}\boldsymbol{A}^{-1}) = \boldsymbol{A}(\boldsymbol{B}\boldsymbol{B}^{-1})\boldsymbol{A}^{-1} = \boldsymbol{A}\mathbf{1}\boldsymbol{A}^{-1} = \boldsymbol{A}\boldsymbol{A}^{-1} = \mathbf{1}$$
$$(\boldsymbol{B}^{-1}\boldsymbol{A}^{-1})(\boldsymbol{A}\boldsymbol{B}) = \boldsymbol{B}^{-1}(\boldsymbol{A}^{-1}\boldsymbol{A})\boldsymbol{B} = \boldsymbol{B}^{-1}\mathbf{1}\boldsymbol{B} = \boldsymbol{B}^{-1}\boldsymbol{B} = \mathbf{1}$$

であるから，$\boldsymbol{B}^{-1}\boldsymbol{A}^{-1}$ が $\boldsymbol{A}\boldsymbol{B}$ の逆行列である．

単位行列は正則行列であるから，$\mathbf{1} \in GL(n, \mathbf{R})$.

逆行列の関係は対称なので，$\boldsymbol{A}$ が正則行列であれば $\boldsymbol{A}^{-1}$ も正則行列であり，$\boldsymbol{A}^{-1}$ の逆行列は $\boldsymbol{A}$ になる．すなわち，$(\boldsymbol{A}^{-1})^{-1} = \boldsymbol{A}$.

一般に，$GL(n, \mathbf{R})$ のように，演算が定義されていて結合法則が成り立ち，単位元が存在し，また各元が逆元をもつような集合を群 (group) とよぶ.

2.3.3 基本変形と基本行列

行列の基本変形については 1.1 節で説明した．ここでは，基本変形を成分を用いて表す．さらに，基本変形は基本行列とよばれる正則行列を左からかけることで実現できることを見る.

① 2 つの行の入れ替え

行列 $\boldsymbol{A}$ の第 k 行と第 l 行を入れ替えて得られる行列を $\boldsymbol{A}'$ とすると，

$$\begin{cases} \boldsymbol{A}'_{kj} &= \boldsymbol{A}_{lj} \\ \boldsymbol{A}'_{lj} &= \boldsymbol{A}_{kj} \\ \boldsymbol{A}'_{ij} &= \boldsymbol{A}_{ij} \quad (i \neq k, l \text{ のとき}) \end{cases}$$

基本行列 $\boldsymbol{E}_1 = \boldsymbol{E}_1(k, l)$ は，単位行列の第 k 行と第 l 行を入れ替えたものとする．このとき，$\boldsymbol{A}' = \boldsymbol{E}_1\boldsymbol{A}$ となることが簡単な計算により確かめられる．すなわち，2 つの行の入れ替えは，基本行列 $\boldsymbol{E}_1$ を左からかけることで実現できる.

$\boldsymbol{E}_1(k, l)$ の逆行列は，$\boldsymbol{E}_1(k, l)$ 自身である.

② ある行に 0 以外の定数をかける

行列 $\boldsymbol{A}$ の第 k 行に $c\ (\neq 0)$ をかけて得られる行列を $\boldsymbol{A}'$ とすると，

$$\begin{cases} \boldsymbol{A}'_{kj} &= c\boldsymbol{A}_{kj} \\ \boldsymbol{A}'_{ij} &= \boldsymbol{A}_{ij} \quad (i \neq k \text{ のとき}) \end{cases}$$

基本行列 $\boldsymbol{E}_2 = \boldsymbol{E}_2(k, c)$ は，単位行列の (k, k) 成分を c で置き換えたものとする．このとき，$\boldsymbol{A}' = \boldsymbol{E}_2\boldsymbol{A}$ となる.

$\boldsymbol{E}_2(k, c)$ の逆行列は，$\boldsymbol{E}_2(k, 1/c)$ である.

③ ある行の定数倍を別の行に加える

行列 $\boldsymbol{A}$ の第 k 行に第 l 行の c 倍を加えて得られる行列を $\boldsymbol{A}'$ とすると，

$$\begin{cases} \boldsymbol{A}'_{kj} &= \boldsymbol{A}_{kj} + c\boldsymbol{A}_{lj} \\ \boldsymbol{A}'_{ij} &= \boldsymbol{A}_{ij} \quad (i \neq k \text{ のとき}) \end{cases}$$

基本行列 $\boldsymbol{E}_3 = \boldsymbol{E}_3(k,l,c)$ は，単位行列の (k,l) 成分を c で置き換えたものとする．このとき，$\boldsymbol{A}' = \boldsymbol{E}_3\boldsymbol{A}$ となる．

$\boldsymbol{E}_3(k,l,c)$ の逆行列は $\boldsymbol{E}_3(k,l,-c)$ である．

2.3.4 逆行列の計算

命題 2.8 $\boldsymbol{A}$ を n 次正方行列とする．掃き出しによって $\boldsymbol{A}$ を単位行列に変形できるならば，$\boldsymbol{A}$ は正則行列である．

証明 $\boldsymbol{A}$ に基本変形を N 回施して単位行列まで変形できたとして，適用した基本変形に対応する基本行列を

$$\boldsymbol{F}_1, \boldsymbol{F}_2, \ldots, \boldsymbol{F}_N \tag{2.12}$$

とすれば，$\boldsymbol{A}$ の左から (2.12) の行列を順にかけて単位行列になるのだから，

$$\boldsymbol{F}_N(\cdots(\boldsymbol{F}_2(\boldsymbol{F}_1\boldsymbol{A}))\cdots) = \boldsymbol{1}$$

である．ここで結合法則を用いて左辺の積の順序を変更し，

$$(\boldsymbol{F}_N \cdots \boldsymbol{F}_2\boldsymbol{F}_1)\boldsymbol{A} = \boldsymbol{1}$$

と書き直せば，$\boldsymbol{B} = \boldsymbol{F}_N \cdots \boldsymbol{F}_2\boldsymbol{F}_1$ は $\boldsymbol{B}\boldsymbol{A} = \boldsymbol{1}$ を満たす．$\boldsymbol{B}$ は基本行列の積であるから正則行列であって逆行列が存在し，命題 2.6 によって $\boldsymbol{B}^{-1}$ は $\boldsymbol{A}$ に等しくなければならない．よって，$\boldsymbol{B}$ は $\boldsymbol{A}$ の逆行列である．(証明終)

さて，掃き出しによって単位行列まで変形できれば原理的に逆行列が求まることがわかったが，この定理を利用して実際に逆行列を計算するうまい方法がある．逆行列 $\boldsymbol{B}$ は，単位行列の左から (2.12) の基本行列を順にかけたものとも考えられることに注意しよう．

$$\boldsymbol{B} = \boldsymbol{F}_N(\cdots(\boldsymbol{F}_2(\boldsymbol{F}_1\boldsymbol{1}))\cdots)$$

それは，つまり，$\boldsymbol{A}$ を単位行列まで変形するのに行ったのと同じ基本変形を単位行列に対して行えば $\boldsymbol{A}$ の逆行列が得られることを意味している．

これを効率よく利用するには，たとえば次のようにすればよい．まず，与えられた n 次正方行列 $\boldsymbol{A}$ の右に n 次単位行列を並べて，$n \times 2n$ 行列を作る．この行列に対して掃き出しを行うのである．掃き出しを行う行列の左半分が $\boldsymbol{A}$ であれば，右半分が何であれ，行われる基本変形は同じものになることに注意しよう．こうして，左半分が単位行列になった時点で，右半分が $\boldsymbol{A}$ の逆行列になっているわけである．

具体例で説明しよう．

$$\boldsymbol{A} = \begin{pmatrix} 1 & 2 & 3 \\ 3 & 4 & 5 \\ 7 & 8 & 6 \end{pmatrix}$$

の逆行列を求めるには，まず $\boldsymbol{A}$ の右に単位行列を加えて 3×6 行列とする．これに掃き出しを行うと，途中経過を省略して，結果は次のようになる．

$$\begin{pmatrix} 1 & 2 & 3 & 1 & 0 & 0 \\ 3 & 4 & 5 & 0 & 1 & 0 \\ 7 & 8 & 6 & 0 & 0 & 1 \end{pmatrix} \Longrightarrow \begin{pmatrix} 1 & 0 & 0 & -\frac{8}{3} & 2 & -\frac{1}{3} \\ 0 & 1 & 0 & \frac{17}{6} & -\frac{5}{2} & \frac{2}{3} \\ 0 & 0 & 1 & -\frac{2}{3} & 1 & -\frac{1}{3} \end{pmatrix}$$

よって，$\boldsymbol{A}$ の逆行列は

$$\boldsymbol{A}^{-1} = \begin{pmatrix} -\frac{8}{3} & 2 & -\frac{1}{3} \\ \frac{17}{6} & -\frac{5}{2} & \frac{2}{3} \\ -\frac{2}{3} & 1 & -\frac{1}{3} \end{pmatrix}$$

である．

2.3.5　逆行列と連立 1 次方程式

一般の連立 1 次方程式 (1.5) は，

$$\boldsymbol{A} = \begin{pmatrix} a_{11} & \ldots & a_{1n} \\ \vdots & \vdots & \vdots \\ a_{m1} & \ldots & a_{mn} \end{pmatrix} \qquad \boldsymbol{x} = \begin{pmatrix} x_1 \\ \vdots \\ x_n \end{pmatrix} \qquad \boldsymbol{b} = \begin{pmatrix} b_1 \\ \vdots \\ b_m \end{pmatrix}$$

とおくことによって，

$$\boldsymbol{A}\boldsymbol{x} = \boldsymbol{b} \tag{2.13}$$

と表されることを確かめてほしい．行列という物の見方をすれば，連立1次方程式を，多数の変数に対して多数の条件式があるのではなく，一つのベクトル変数 $\boldsymbol{x}$ に一つの行列 $\boldsymbol{A}$ をかけたら $\boldsymbol{b}$ というベクトルになった，という単純な式と見なすことができるのである．

行列は，交換法則こそ成り立たないが，結合法則や分配法則が成り立ち，ある意味で整数や実数といった数に近いふるまいをする．単位行列はどんな行列にかけても値が変わらないという意味で数字の1に相当するものであり，逆行列は逆数に対応する概念である．

そのように考えてゆくと，方程式 (2.13) の両辺に $\boldsymbol{A}$ の逆行列をかけて解を求めようという発想が出てくる．$m = n$ と仮定しよう．

命題 2.9 $\boldsymbol{A}$ が正則行列のとき，方程式 (2.13) は任意のベクトル $\boldsymbol{b}$ に対してただ一つの解

$$\boldsymbol{x} = \boldsymbol{A}^{-1}\boldsymbol{b}$$

をもつ．逆に，(2.13) が任意の $\boldsymbol{b}$ に対して解をもつならば，

$$\boldsymbol{AB} = \mathbf{1}$$

を満たす n 次正方行列 $\boldsymbol{B}$ が存在する．

後で述べる系 3.26 によれば，$\boldsymbol{B}$ は $\boldsymbol{A}$ の逆行列である．

証明 $\boldsymbol{A}$ の逆行列が存在すれば，(2.13) の両辺に左から $\boldsymbol{A}^{-1}$ をかけて，$\boldsymbol{x} = \boldsymbol{A}^{-1}\boldsymbol{b}$ でなければならないが，これを (2.13) に代入してみれば，確かに解になっていることがわかる．

逆に，(2.13) が任意の $\boldsymbol{b} \in \mathbf{R}^n$ に対し解をもつとしよう．$\boldsymbol{b}$ が基本ベクトル $\boldsymbol{e}_i$ の場合の解を $\boldsymbol{x} = \boldsymbol{b}_i$ とし，$\boldsymbol{b}_i$ を横に並べて得られる n 次正方行列を

$$\boldsymbol{B} = (\boldsymbol{b}_1, \ldots, \boldsymbol{b}_n)$$

とすれば，2.2 節で述べたように，

$$\boldsymbol{AB} = (\boldsymbol{Ab}_1, \ldots, \boldsymbol{Ab}_n) = (\boldsymbol{e}_1, \ldots, \boldsymbol{e}_n) = \mathbf{1}$$

となる（証明終）

具体例として，1.1 節で扱った方程式 (1.1) を取り上げよう．

$$\boldsymbol{A} = \begin{pmatrix} 1 & 2 & 3 \\ 3 & 4 & 5 \\ 7 & 8 & 6 \end{pmatrix} \qquad \boldsymbol{x} = \begin{pmatrix} x \\ y \\ z \end{pmatrix} \qquad \boldsymbol{b} = \begin{pmatrix} 2 \\ 6 \\ 11 \end{pmatrix}$$

とおくと，方程式は $\boldsymbol{Ax} = \boldsymbol{b}$ と表せる．$\boldsymbol{A}$ の逆行列は 2.3.4 項で計算した．その結果を用いると解は

$$\boldsymbol{x} = \boldsymbol{A}^{-1}\boldsymbol{b} = \begin{pmatrix} -\frac{8}{3} & 2 & -\frac{1}{3} \\ \frac{17}{6} & -\frac{5}{2} & \frac{2}{3} \\ -\frac{2}{3} & 1 & -\frac{1}{3} \end{pmatrix} \begin{pmatrix} 2 \\ 6 \\ 11 \end{pmatrix} = \begin{pmatrix} 3 \\ -2 \\ 1 \end{pmatrix}$$

のようにして得られる．

一般に，逆行列の計算には $n \times 2n$ 行列の掃き出しが必要で，さらに解を求めるために行列とベクトルの積を計算する必要があるのだが，少し考えてみれば，$n \times (n+1)$ 行列の掃き出しによって直接解を求めたほうが計算が簡単なのは明らかである．

しかし，係数行列 $\boldsymbol{A}$ は固定したまま，方程式の右辺の $\boldsymbol{b}$ をさまざまな値に取り替えて何度も解かなければならないような状況もあるであろう．そのような場合は，毎回掃き出しを行うよりも，先に逆行列を求めておいて，個々の $\boldsymbol{b}$ に対して行列とベクトルの積を計算するほうが有利である．

演 習 問 題

2.1 次の積を計算せよ．

(1) $\begin{pmatrix} 1 & 2 \end{pmatrix} \begin{pmatrix} 3 \\ 4 \end{pmatrix}$ (2) $\begin{pmatrix} 3 \\ 4 \end{pmatrix} \begin{pmatrix} 1 & 2 \end{pmatrix}$ (3) $\left(\begin{pmatrix} 3 \\ 4 \end{pmatrix} \begin{pmatrix} 1 & 2 \end{pmatrix} \right)^n$

2.2 3 次正方行列

$$\boldsymbol{A} = \begin{pmatrix} 0 & 2 & 6 \\ -1 & -3 & -6 \\ \frac{1}{2} & 1 & 2 \end{pmatrix}$$

に対して，(1) $\boldsymbol{A}^2$ を計算せよ． (2) $\boldsymbol{A}^{-1}$ を求めよ．

2.3 3 次正方行列

$$\boldsymbol{A} = \begin{pmatrix} 1 & 1 & 0 \\ 0 & 1 & 1 \\ 0 & 0 & 1 \end{pmatrix}, \quad \boldsymbol{B} = \begin{pmatrix} 1 & 1 & 4 \\ 0 & 0 & -1 \\ -1 & 0 & 2 \end{pmatrix}, \quad \boldsymbol{C} = \begin{pmatrix} 0 & -2 & 1 \\ 1 & 5 & -4 \\ 0 & -1 & 1 \end{pmatrix}$$

に対して，(1) $\boldsymbol{ABC}$ を求めよ．(2) $\boldsymbol{BCA}$ を求めよ．(3) $\boldsymbol{CAB}$ を求めよ．

2.4　次の行列の逆行列を計算せよ．

(1) $\begin{pmatrix} 0 & 2 & 1 \\ 2 & 0 & 0 \\ 0 & 3 & 2 \end{pmatrix}$　(2) $\begin{pmatrix} \frac{1}{2} & 1 & 0 & 0 \\ 0 & \frac{1}{2} & 1 & 0 \\ 0 & 0 & \frac{1}{3} & 1 \\ 0 & 0 & 0 & \frac{1}{4} \end{pmatrix}$　(3) $\begin{pmatrix} 3 & 0 & 6 & 0 \\ 0 & 1 & 0 & 0 \\ 8 & 0 & 17 & 1 \\ 0 & 2 & 3 & 4 \end{pmatrix}$

2.5　3 次正方行列 $\boldsymbol{A}$ の逆行列が

$$\boldsymbol{A}^{-1} = \begin{pmatrix} 2 & 0 & 4 \\ 0 & 1 & 2 \\ 0 & 2 & 5 \end{pmatrix}$$

であるとする．このとき，$\boldsymbol{A}$ を求めよ．

2.6　3 次正方行列 $\boldsymbol{A}, \boldsymbol{B}$ と列ベクトル $\boldsymbol{c}$ が次のように与えられている．

$$\boldsymbol{A} = \begin{pmatrix} -1 & 1 & 0 \\ 1 & -1 & 1 \\ 0 & 1 & -1 \end{pmatrix}, \quad \boldsymbol{B} = \begin{pmatrix} 0 & 1 & 1 \\ 1 & 1 & 1 \\ 1 & 1 & 0 \end{pmatrix}, \quad \boldsymbol{c} = \begin{pmatrix} 1 \\ 2 \\ 3 \end{pmatrix}$$

(1) $\boldsymbol{A}$ と $\boldsymbol{B}$ は，お互いに逆行列であることを示せ．

(2) 連立 1 次方程式 $\boldsymbol{Ax} = \boldsymbol{c}$ の解を求めよ．

第3章 行列式

CHAPTER 3

3.1 置　　換

3.1.1 置換の定義

集合 $\{1, 2, \ldots, n\}$ から自分自身への一対一対応を n 次置換 (permutation) とよぶ．置換

$$\sigma : \{1, 2, \ldots, n\} \longrightarrow \{1, 2, \ldots, n\}$$

によって，$1, 2, \ldots, n$ がそれぞれ $a_1, a_2, \ldots, a_n$ に写されるとき，

$$\sigma = \begin{pmatrix} 1 & 2 & \ldots & n \\ a_1 & a_2 & \ldots & a_n \end{pmatrix}$$

のように表す．σ による i の像 $\sigma(i) = a_i$ を i^σ と書く．

ここで $a_1, a_2, \ldots, a_n$ が $1, 2, \ldots, n$ の順列*1)であることに注意すれば，$n!$ 通りの n 次置換があることがわかる．これら $n!$ 個の n 次置換全体からなる集合を n 次対称群 (symmetric group) とよび，$\mathfrak{S}_n$ で表す．

n 次置換どうしは写像としての合成を行うことができる．すなわち，$\sigma, \tau \in \mathfrak{S}_n$ に対し，それらの合成写像 $\tau \circ \sigma$ もまた n 次置換である．この合成写像を $\sigma\tau$ で表し (順序に注意) σ と τ の積とよぶ．

$$i^{\sigma\tau} = (i^\sigma)^\tau \qquad (i = 1, \ldots, n)$$

である．置換の積は写像の合成だから，当然，結合法則が成り立つ：

$$(\sigma\tau)\upsilon = \sigma(\tau\upsilon) \qquad (\sigma, \tau, \upsilon \in \mathfrak{S}_n)$$

---

*1) 英語では，置換も順列も permutation である．

集合 $\{1, 2, \ldots, n\}$ の恒等写像は n 次置換の一種であるが，それを恒等置換とよんで 1 で表す．任意の $\sigma \in \mathfrak{S}_n$ に対して

$$\sigma 1 = 1 \sigma = \sigma$$

が成り立つ．

$\sigma \in \mathfrak{S}_n$ の逆写像 σ^{-1} はまた n 次置換であって，σ の逆置換とよばれる．

$$\sigma \sigma^{-1} = \sigma^{-1} \sigma = 1$$

が成り立つ．

2 つの数字 k と l を入れ替えて他は変えない置換を互換とよび，(k, l) で表す．互換の 2 乗は恒等置換であるから，互換の逆置換はそれ自身である．

例 3.1 (3 次置換)　$\mathfrak{S}_3$ は次の 6 つの置換からなる．

$$1 = \begin{pmatrix} 1 & 2 & 3 \\ 1 & 2 & 3 \end{pmatrix}, \quad \rho_1 = \begin{pmatrix} 1 & 2 & 3 \\ 2 & 3 & 1 \end{pmatrix}, \quad \rho_2 = \begin{pmatrix} 1 & 2 & 3 \\ 3 & 1 & 2 \end{pmatrix}$$

$$\tau_1 = \begin{pmatrix} 1 & 2 & 3 \\ 1 & 3 & 2 \end{pmatrix}, \quad \tau_2 = \begin{pmatrix} 1 & 2 & 3 \\ 3 & 2 & 1 \end{pmatrix}, \quad \tau_3 = \begin{pmatrix} 1 & 2 & 3 \\ 2 & 1 & 3 \end{pmatrix}$$

たとえば $\rho_1 \rho_2 = 1$ であるから，ρ_1 の逆置換は ρ_2 である．τ_1, τ_2, τ_3 は互換であり，それぞれ $\tau_1 = (2, 3)$, $\tau_2 = (1, 3)$, $\tau_3 = (1, 2)$ となっている．

n 次対称群 $\mathfrak{S}_n$ の元 τ に対し，τ による左乗法 $L_\tau : \mathfrak{S}_n \to \mathfrak{S}_n$ を

$$L_\tau(\sigma) = \tau \sigma \qquad (\sigma \in \mathfrak{S}_n)$$

で定義する．また，τ による右乗法 $R_\tau : \mathfrak{S}_n \to \mathfrak{S}_n$ を

$$R_\tau(\sigma) = \sigma \tau \qquad (\sigma \in \mathfrak{S}_n)$$

で定義する．

命題 3.2　$\tau \in \mathfrak{S}_n$ に対して，L_τ および R_τ は一対一対応である．

証明　L_τ の逆対応は $L_{\tau^{-1}}$ で与えられる．実際，$\sigma \in \mathfrak{S}_n$ に対して，

$$L_{\tau^{-1}} \circ L_{\tau}(\sigma) = \tau^{-1}(\tau\sigma) = (\tau^{-1}\tau)\sigma = \sigma$$

$$L_{\tau} \circ L_{\tau^{-1}}(\sigma) = \tau(\tau^{-1}\sigma) = (\tau\tau^{-1})\sigma = \sigma$$

である．同様に，R_{τ} の逆対応は $R_{\tau^{-1}}$ で与えられ，R_{τ} も一対一対応である．(証明終)

写像 $\iota : \mathfrak{S}_n \to \mathfrak{S}_n$ を

$$\iota(\sigma) = \sigma^{-1} \qquad (\sigma \in \mathfrak{S}_n)$$

で定義する．このとき，$\iota^{-1} = \iota$ となって ι の逆写像が存在することから，次が成り立つ．

命題 3.3　写像 ι は一対一対応である．

3.1.2　置　換　図　式

置換 $\sigma \in \mathfrak{S}_n$ が与えられたとき，縦に 2 列に n 個の点を書いておいて，左列の i 番目の点と右列の i^{σ} 番目の点を曲線で結んだものを σ の置換図式とよぶ．ただし，

- 曲線どうしの交点は 2 重点のみで高々有限個．
- 線は必ず左から右に向かって引き，行ったり戻ったりはしない．

という条件を満たすように線を描くものとする．たとえば，

例 3.4　4 次置換

$$\sigma = \begin{pmatrix} 1 & 2 & 3 & 4 \\ 2 & 4 & 1 & 3 \end{pmatrix}$$

の置換図式は図 3.1 のようになる．

命題 3.5　任意の置換は互換の積である．

証明　与えられた置換の置換図式を描いて，その交点数を s とする．置換図式

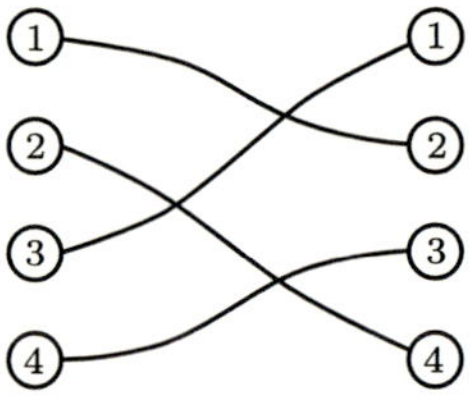

図 **3.1** 置換図式

を互いに交わらない $s-1$ 本の縦の線で切って s 本の帯状領域に分け，各領域がちょうど一つの交点を含むようにする (図 3.2 左)．それらの縦線が垂直になるように図式を変形すれば，各領域が互換の置換図式となっており (図 3.2 右)，与えられた置換が互換の積として表されることがわかる．(証明終)

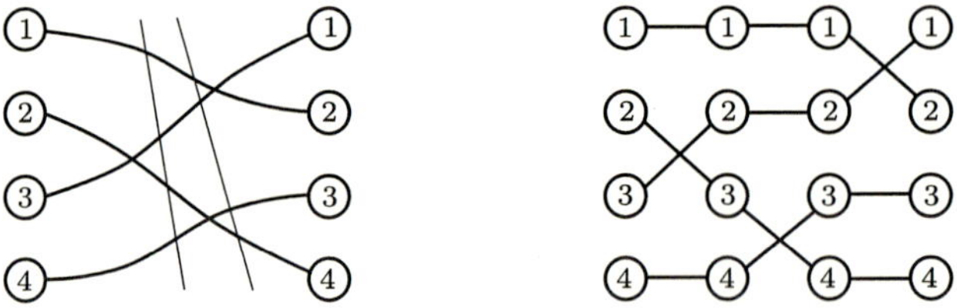

図 **3.2** 置換は互換の積

たとえば，例 3.4 の置換の場合，図 3.2 より，$\sigma=(2,3)(3,4)(1,2)$ である．

3.1.3 置換の符号

σ の置換図式における交点数を $s(\sigma)$ と書き，これが偶数ならば σ は偶置換，$s(\sigma)$ が奇数ならば σ は奇置換であるという．

与えられた置換に対して置換図式は一意的に決まるわけではなく，たとえば描く線を上下にずらすことによりいくらでも新しい交点を作ることができる．したがって，交点数 $s(\sigma)$ 自体にはあいまい性があってきっちりとは定まらない．しかし，曲線を連続的に変形してゆくときに起きる交点の変化は，図 3.3 の 2 種類しかないので，交点数が変化するときは必ず 2 ずつ変化し，交点数が偶数か奇数かは線の引き方によらず置換のみによって初めから決まっている．この

ことから，

$$\operatorname{sgn}(\sigma) = (-1)^{s(\sigma)} = \begin{cases} +1 & \sigma \text{ が偶置換のとき} \\ -1 & \sigma \text{ が奇置換のとき} \end{cases}$$

という量はあいまい性なしに定義できることがわかる．これを σ の符号 (signature) とよぶ．

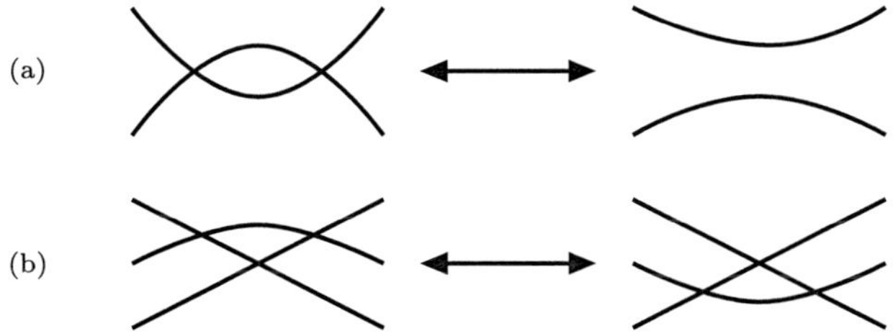

図 **3.3**　交点の変化

命題 3.6　$\sigma, \tau \in \mathfrak{S}_n$ に対して，

$$\operatorname{sgn}(\sigma\tau) = \operatorname{sgn}(\sigma)\operatorname{sgn}(\tau)$$

証明　σ の置換図式と τ の置換図式をつないだものが $\sigma\tau$ の置換図式であるから，

$$s(\sigma\tau) = s(\sigma) + s(\tau)$$

である．よって，

$$\begin{aligned} \operatorname{sgn}(\sigma\tau) &= (-1)^{s(\sigma\tau)} \\ &= (-1)^{s(\sigma)+s(\tau)} \\ &= (-1)^{s(\sigma)}(-1)^{s(\tau)} \\ &= \operatorname{sgn}(\sigma)\operatorname{sgn}(\tau) \end{aligned}$$

(証明終)

系 3.7　任意の置換 $\sigma \in \mathfrak{S}_n$ に対して次が成り立つ．

$$\mathrm{sgn}(\sigma^{-1}) = \mathrm{sgn}(\sigma)$$

証明 $\sigma\sigma^{-1} = 1$ に命題 3.6 を適用すればよい. (証明終)

この系は, σ の置換図式の左右を反転させたものが σ^{-1} の置換図式となり, σ と σ^{-1} の交点数が等しいことからも導かれる.

3.2 行列式の定義

n 次正方行列 $\boldsymbol{A}$ に対して,

$$\det \boldsymbol{A} = \sum_{\sigma \in \mathfrak{S}_n} \mathrm{sgn}(\sigma) \boldsymbol{A}_{1 1^\sigma} \boldsymbol{A}_{2 2^\sigma} \cdots \boldsymbol{A}_{n n^\sigma} \tag{3.1}$$

を $\boldsymbol{A}$ の行列式 (determinant) とよぶ.

例 3.8 (2 次行列式) 定義に従って 2 次正方行列

$$\boldsymbol{A} = \begin{pmatrix} a & b \\ c & d \end{pmatrix}$$

の行列式を計算してみよう.

2 次置換は

$$1 = \begin{pmatrix} 1 & 2 \\ 1 & 2 \end{pmatrix}, \quad \sigma = \begin{pmatrix} 1 & 2 \\ 2 & 1 \end{pmatrix}$$

の 2 つあり, それぞれ符号は

$$\mathrm{sgn}(1) = +1, \quad \mathrm{sgn}(\sigma) = -1$$

となっている. したがって,

$$\begin{aligned} \det \boldsymbol{A} &= \mathrm{sgn}(1) \boldsymbol{A}_{1 1^1} \boldsymbol{A}_{2 2^1} + \mathrm{sgn}(\sigma) \boldsymbol{A}_{1 1^\sigma} \boldsymbol{A}_{2 2^\sigma} \\ &= +\boldsymbol{A}_{11} \boldsymbol{A}_{22} - \boldsymbol{A}_{12} \boldsymbol{A}_{21} \\ &= ad - bc \end{aligned}$$

例 3.9 (3 次行列式)　例 3.1 において，$1, \rho_1, \rho_2$ は偶置換，τ_1, τ_2, τ_3 は奇置換である．よって，

$$\begin{aligned}\det \boldsymbol{A} &= \operatorname{sgn}(1)\boldsymbol{A}_{11^1}\boldsymbol{A}_{22^1}\boldsymbol{A}_{33^1} + \operatorname{sgn}(\rho_1)\boldsymbol{A}_{11^{\rho_1}}\boldsymbol{A}_{22^{\rho_1}}\boldsymbol{A}_{33^{\rho_1}} \\ &\quad + \operatorname{sgn}(\rho_2)\boldsymbol{A}_{11^{\rho_2}}\boldsymbol{A}_{22^{\rho_2}}\boldsymbol{A}_{33^{\rho_2}} + \operatorname{sgn}(\tau_1)\boldsymbol{A}_{11^{\tau_1}}\boldsymbol{A}_{22^{\tau_1}}\boldsymbol{A}_{33^{\tau_1}} \\ &\quad + \operatorname{sgn}(\tau_2)\boldsymbol{A}_{11^{\tau_2}}\boldsymbol{A}_{22^{\tau_2}}\boldsymbol{A}_{33^{\tau_2}} + \operatorname{sgn}(\tau_3)\boldsymbol{A}_{11^{\tau_3}}\boldsymbol{A}_{22^{\tau_3}}\boldsymbol{A}_{33^{\tau_3}} \\ &= +\boldsymbol{A}_{11}\boldsymbol{A}_{22}\boldsymbol{A}_{33} + \boldsymbol{A}_{12}\boldsymbol{A}_{23}\boldsymbol{A}_{31} + \boldsymbol{A}_{13}\boldsymbol{A}_{21}\boldsymbol{A}_{32} \\ &\quad - \boldsymbol{A}_{11}\boldsymbol{A}_{23}\boldsymbol{A}_{32} - \boldsymbol{A}_{13}\boldsymbol{A}_{22}\boldsymbol{A}_{31} - \boldsymbol{A}_{12}\boldsymbol{A}_{21}\boldsymbol{A}_{33}\end{aligned}$$

同様に，4 次正方行列 $\boldsymbol{A}$ の行列式は，$\boldsymbol{A}_{11}\boldsymbol{A}_{22}\boldsymbol{A}_{33}\boldsymbol{A}_{44}$ をはじめ，$4! = 24$ 個の項を置換の符号に従って足したり引いたりしたものである．

3.3 行列式の性質

3.3.1 転置行列の行列式

定理 3.10 (転置行列の行列式)　$\boldsymbol{A}$ を n 次正方行列とするとき，

$$\det {}^t\boldsymbol{A} = \det \boldsymbol{A}$$

が成り立つ．

証明　行列式の定義より，

$$\begin{aligned}\det {}^t\boldsymbol{A} &= \sum_{\sigma \in \mathfrak{S}_n} \operatorname{sgn}(\sigma)\, {}^t\boldsymbol{A}_{11^\sigma} \cdots {}^t\boldsymbol{A}_{nn^\sigma} \\ &= \sum_{\sigma \in \mathfrak{S}_n} \operatorname{sgn}(\sigma)\boldsymbol{A}_{1^\sigma 1} \cdots \boldsymbol{A}_{n^\sigma n}\end{aligned}$$

であるが，ここで添字の $1^\sigma 1, \ldots, n^\sigma n$ を並べ替えると $11^{\sigma^{-1}}, \ldots, nn^{\sigma^{-1}}$ となることに注意する．さらに系 3.7 を用いると，

$$\det {}^t\boldsymbol{A} = \sum_{\sigma \in \mathfrak{S}_n} \operatorname{sgn}(\sigma^{-1})\boldsymbol{A}_{11^{\sigma^{-1}}} \cdots \boldsymbol{A}_{nn^{\sigma^{-1}}}$$

となるが，命題 3.3 によって，σ が $\mathfrak{S}_n$ 全体を動くとき σ^{-1} も $\mathfrak{S}_n$ 全体を動くから，これは $\det \boldsymbol{A}$ の定義式である．よって，$\det {}^t\boldsymbol{A} = \det \boldsymbol{A}$.（証明終）

この定理を用いると，行列の行に関する命題を列に関する命題に，あるいは列に関する命題を行に関する命題に，書き直すことができる．標語的にいえば，**行列式に関して，行について成り立つ性質は列についても成り立ち，列について成り立つ性質は行についても成り立つ．**上の証明において，次が示されていることを注意しておこう．

$$\det \boldsymbol{A} = \sum_{\sigma \in \mathfrak{S}_n} \operatorname{sgn}(\sigma) \boldsymbol{A}_{1^\sigma 1} \cdots \boldsymbol{A}_{n^\sigma n} \tag{3.2}$$

3.3.2 三角行列の行列式

補題 3.11 $\boldsymbol{A}$ は n 次正方行列で次の形をしているとする．

$$\boldsymbol{A} = \left(\begin{array}{ccc|c} & & & * \\ & \boldsymbol{A}' & & \vdots \\ & & & * \\ \hline 0 & \ldots & 0 & a_{nn} \end{array}\right)$$

このとき，

$$\det \boldsymbol{A} = (\det \boldsymbol{A}') a_{nn}$$

が成り立つ．

証明 行列の形から $j \neq n$ のとき $\boldsymbol{A}_{nj} = 0$ であるから，行列式の定義式 (3.1) において $n^\sigma \neq n$ となる置換 σ に対する項はすべてゼロとなることに注意しよう．したがって和は $n^\sigma = n$ となる置換のみについてとればよいので，実質的に $\sigma \in \mathfrak{S}_{n-1}$ と考えることができて，

$$\begin{aligned} \det \boldsymbol{A} &= \left(\sum_{\sigma \in \mathfrak{S}_{n-1}} \boldsymbol{A}_{11^\sigma} \cdots \boldsymbol{A}_{(n-1)(n-1)^\sigma} \right) \boldsymbol{A}_{nn} \\ &= (\det \boldsymbol{A}') a_{nn} \end{aligned}$$

となる．(証明終)

この補題を上三角行列に対して順次帰納的に適用してゆけば，

$$
\det\left(\begin{array}{cccc|c} a_{11} & * & \cdots & & * \\ 0 & a_{22} & \ddots & & \vdots \\ \vdots & \ddots & \ddots & & * \\ \hline 0 & \cdots & 0 & & a_{nn} \end{array}\right) = \det\left(\begin{array}{ccc|c} a_{11} & * & \cdots & * \\ 0 & a_{22} & \ddots & \vdots \\ \vdots & \ddots & \ddots & * \\ \hline 0 & \cdots & 0 & a_{n-1\,n-1} \end{array}\right) a_{nn}
$$
$$
= \cdots
$$
$$
= a_{11}a_{22}\cdots a_{nn}
$$

となるから，次が成り立つ.

定理 3.12 (三角行列の行列式)　上三角行列の行列式は，対角成分の積に等しい.

転置行列で考えれば，次も成り立つことになる.

系 3.13　下三角行列の行列式は，対角成分の積に等しい.

補題 3.11 と同様の議論によって，より一般に次の定理を示すことができるが，ここでは証明は省略する.

定理 3.14　$\boldsymbol{A}$ は n 次正方行列で，次の形をしているとする.

$$
\boldsymbol{M} = \left(\begin{array}{c|c} \boldsymbol{A}' & * \\ \hline \boldsymbol{0} & \boldsymbol{A}'' \end{array}\right)
$$

ただしここで，$\boldsymbol{A}'$ は p 次正方行列，$\boldsymbol{A}''$ は q 次正方行列で，$p+q=n$ である. このとき，

$$
\det \boldsymbol{M} = (\det \boldsymbol{A}')(\det \boldsymbol{A}'')
$$

が成り立つ.

3.3.3 行列式の多重線形性

n 次正方行列 $\boldsymbol{A} = (a_{ij})$ の第 i 行を $\boldsymbol{a}_i$ とし，

$$\boldsymbol{A} = \begin{pmatrix} \boldsymbol{a}_1 \\ \vdots \\ \boldsymbol{a}_n \end{pmatrix}$$

のように書くとき，次が成り立つ．

定理 3.15 (行列式の行に関する線形性)　任意の m と任意の実数 $\lambda \in \mathbf{R}$ に対して，

$$\det\begin{pmatrix} \boldsymbol{a}_1 \\ \vdots \\ \boldsymbol{a}'_m + \boldsymbol{a}''_m \\ \vdots \\ \boldsymbol{a}_n \end{pmatrix} = \det\begin{pmatrix} \boldsymbol{a}_1 \\ \vdots \\ \boldsymbol{a}'_m \\ \vdots \\ \boldsymbol{a}_n \end{pmatrix} + \det\begin{pmatrix} \boldsymbol{a}_1 \\ \vdots \\ \boldsymbol{a}''_m \\ \vdots \\ \boldsymbol{a}_n \end{pmatrix} \tag{3.3}$$

$$\det\begin{pmatrix} \boldsymbol{a}_1 \\ \vdots \\ \lambda\boldsymbol{a}_m \\ \vdots \\ \boldsymbol{a}_n \end{pmatrix} = \lambda\det\begin{pmatrix} \boldsymbol{a}_1 \\ \vdots \\ \boldsymbol{a}_m \\ \vdots \\ \boldsymbol{a}_n \end{pmatrix} \tag{3.4}$$

が成り立つ．

証明　行列式の定義より，

$$\begin{aligned}
(3.3)\ \text{の左辺} &= \sum_{\sigma\in\mathfrak{S}_n} \mathrm{sgn}(\sigma) a_{11^\sigma}\cdots(a'_{mm^\sigma} + a''_{mm^\sigma})\cdots a_{nn^\sigma} \\
&= \sum_{\sigma\in\mathfrak{S}_n} \mathrm{sgn}(\sigma) a_{11^\sigma}\cdots a'_{mm^\sigma}\cdots a_{nn^\sigma} \\
&\quad + \sum_{\sigma\in\mathfrak{S}_n} \mathrm{sgn}(\sigma) a_{11^\sigma}\cdots a''_{mm^\sigma}\cdots a_{nn^\sigma} \\
&= (3.3)\ \text{の右辺}
\end{aligned}$$

となる．(3.4) も同様の計算で示される．(証明終)

定理 3.10 により，列に関しても，n 次正方行列 $\boldsymbol{A} = (a_{ij})$ の第 j 列を $\boldsymbol{a}_j$ として

$$\boldsymbol{A} = (\boldsymbol{a}_1, \ldots, \boldsymbol{a}_n)$$

のように書くとき，次が成り立つことがわかる．

定理 3.16 (行列式の列に関する線形性)　任意の m と任意の実数 $\lambda \in \mathbf{R}$ に対して，

$$\det(\boldsymbol{a}_1, \ldots, \boldsymbol{a}'_m + \boldsymbol{a}''_m, \ldots, \boldsymbol{a}_n) = \det(\boldsymbol{a}_1, \ldots, \boldsymbol{a}'_m, \ldots, \boldsymbol{a}_n) + \det(\boldsymbol{a}_1, \ldots, \boldsymbol{a}''_m, \ldots, \boldsymbol{a}_n)$$

$$\det(\boldsymbol{a}_1, \ldots, \lambda\boldsymbol{a}_m, \ldots, \boldsymbol{a}_n) = \lambda \det(\boldsymbol{a}_1, \ldots, \boldsymbol{a}_m, \ldots, \boldsymbol{a}_n)$$

が成り立つ．

3.3.4　列の並べ替えと行列式

定理 3.17　任意の置換 $\tau \in \mathfrak{S}_n$ に対して次が成り立つ．

$$\det(\boldsymbol{a}_{1^\tau} \cdots \boldsymbol{a}_{n^\tau}) = \operatorname{sgn}(\tau) \det(\boldsymbol{a}_1, \cdots, \boldsymbol{a}_n) \tag{3.5}$$

証明　$\operatorname{sgn}(\sigma) = \operatorname{sgn}(\tau)\operatorname{sgn}(\sigma\tau)$ より，

$$\begin{aligned}(3.5) \text{ の左辺} &= \sum_{\sigma \in \mathfrak{S}_n} \operatorname{sgn}(\sigma) a_{11^{\sigma\tau}} \cdots a_{nn^{\sigma\tau}} \\ &= \operatorname{sgn}(\tau) \sum_{\sigma \in \mathfrak{S}_n} \operatorname{sgn}(\sigma\tau) a_{11^{\sigma\tau}} \cdots a_{nn^{\sigma\tau}}\end{aligned}$$

である．ここで，命題 3.2 によれば，σ が $\mathfrak{S}_n$ のすべての置換を動くとき $\sigma\tau = R_\tau(\sigma)$ も $\mathfrak{S}_n$ 全体を動くから，$\sigma\tau$ を υ と書き直せば，

$$\begin{aligned}(3.5) \text{ の左辺} &= \operatorname{sgn}(\tau) \sum_{\upsilon \in \mathfrak{S}_n} \operatorname{sgn}(\upsilon) a_{11^\upsilon} \cdots a_{nn^\upsilon} \\ &= (3.5) \text{ の右辺}\end{aligned}$$

となり，(3.5) が証明された．(証明終)

系 3.18 n 次正方行列 $\boldsymbol{A}$ の 2 つの行 (または列) を取り替えて得られる行列を $\boldsymbol{A}'$ とすれば,

$$\det \boldsymbol{A}' = -\det \boldsymbol{A}$$

系 3.19 n 次正方行列 $\boldsymbol{A}$ の 2 つの行 (または列) が等しければ,

$$\det \boldsymbol{A} = 0$$

証明 $\boldsymbol{A}$ の第 k 行と第 l 行が等しいとして，それらを入れ替えると行列は $\boldsymbol{A}$ のままだが，系 3.18 によれば，$\det \boldsymbol{A} = -\det \boldsymbol{A}$ となっていなければならない．よって，$\det \boldsymbol{A} = 0$ である．(証明終)

系 3.20 n 次正方行列のある行 (列) の何倍かを別の行 (列) に加えても行列式の値は変わらない．

証明 第 k 行に第 l 行の λ 倍を加えるとして，

$$\det \begin{pmatrix} \vdots \\ \boldsymbol{a}_k + \lambda \boldsymbol{a}_l \\ \vdots \\ \boldsymbol{a}_l \\ \vdots \end{pmatrix} = \det \begin{pmatrix} \vdots \\ \boldsymbol{a}_k \\ \vdots \\ \boldsymbol{a}_l \\ \vdots \end{pmatrix} + \lambda \det \begin{pmatrix} \vdots \\ \boldsymbol{a}_l \\ \vdots \\ \boldsymbol{a}_l \\ \vdots \end{pmatrix}$$

であるが，系 3.19 より第 2 項は 0 である．(証明終)

3.3.5 ファンデルモンドの行列式

行列式の性質の応用として，有名なファンデルモンド (Vandermonde) の行列式を計算してみよう．

命題 3.21 (ファンデルモンドの行列式) 実数 $\lambda_1, \ldots, \lambda_n \in \mathbf{R}$ に対し，n 次正方行列 $\boldsymbol{W}$ を

$$\boldsymbol{W} = \boldsymbol{W}(\lambda_1, \ldots, \lambda_n) = \begin{pmatrix} 1 & \lambda_1 & \ldots & \lambda_1^{n-1} \\ \vdots & \vdots & \vdots & \vdots \\ 1 & \lambda_n & \ldots & \lambda_n^{n-1} \end{pmatrix}$$

で定義するとき,

$$\det \boldsymbol{W} = \prod_{i>j} (\lambda_i - \lambda_j) \tag{3.6}$$

である. (3.6) の右辺は, $i > j$ となるすべての組 (i, j) に対して $(\lambda_i - \lambda_j)$ をかけ合わせた式を意味する.

証明 次数 n に関する数学的帰納法で証明しよう. まず, $n = 2$ のときは,

$$\det \boldsymbol{W} = \det \begin{pmatrix} 1 & \lambda_1 \\ 1 & \lambda_2 \end{pmatrix} = \lambda_2 - \lambda_1$$

であるから (3.6) は成り立つ.

そこで, $n-1$ 次まで (3.6) が成り立つとして, n 次のときにも (3.6) が成り立つことを示そう. まず, $i = 2, \ldots, n$ に対して, $\boldsymbol{W}$ の第 i 行から第 1 行を引くことで,

$$\begin{aligned} \det \boldsymbol{W} &= \det \begin{pmatrix} 1 & \lambda_1 & \ldots & \lambda_1^{n-1} \\ 0 & \lambda_2 - \lambda_1 & \ldots & \lambda_2^{n-1} - \lambda_1^{n-1} \\ \vdots & \vdots & \ddots & \vdots \\ 0 & \lambda_n - \lambda_1 & \ldots & \lambda_n^{n-1} - \lambda_1^{n-1} \end{pmatrix} \\ &= \det \begin{pmatrix} \lambda_2 - \lambda_1 & \ldots & \lambda_2^{n-1} - \lambda_1^{n-1} \\ \vdots & \ddots & \vdots \\ \lambda_n - \lambda_1 & \ldots & \lambda_n^{n-1} - \lambda_1^{n-1} \end{pmatrix} \end{aligned}$$

となる. 次に,

- 第 $(n-1)$ 列から第 $(n-2)$ 列の λ_1 倍を引く
- 第 $(n-2)$ 列から第 $(n-3)$ 列の λ_1 倍を引く
- $\cdots$
- 第 2 列から第 1 列の λ_1 倍を引く

という操作をこの順で行う.

$$(\lambda_i^{k-1}-\lambda_1^{k-1})-\lambda_1(\lambda_i^{k-2}-\lambda_1^{k-2})=(\lambda_i-\lambda_1)\lambda_i^{k-2}$$

に注意すれば,

$$\begin{aligned}
\det \boldsymbol{W} &= \det\begin{pmatrix} \lambda_2-\lambda_1 & (\lambda_2-\lambda_1)\lambda_2 & \dots & (\lambda_2-\lambda_1)\lambda_2^{n-2} \\ \vdots & \vdots & \vdots & \vdots \\ \lambda_n-\lambda_1 & (\lambda_n-\lambda_1)\lambda_n & \dots & (\lambda_n-\lambda_1)\lambda_n^{n-2} \end{pmatrix} \\
&= \prod_{i=2}^{n}(\lambda_i-\lambda_1)\det\begin{pmatrix} 1 & \lambda_2 & \dots & \lambda_2^{n-2} \\ \vdots & \vdots & \vdots & \vdots \\ 1 & \lambda_n & \dots & \lambda_n^{n-2} \end{pmatrix} \\
&= \prod_{i=2}^{n}(\lambda_i-\lambda_1)\det \boldsymbol{W}(\lambda_2,\dots,\lambda_n) \\
&= \prod_{i=2}^{n}(\lambda_i-\lambda_1)\prod_{i>j\geq 2}(\lambda_i-\lambda_j) \\
&= \prod_{i>j}(\lambda_i-\lambda_j)
\end{aligned}$$

となり, n 次のときも (3.6) が成り立つことがわかった. (証明終)

3.4 掃き出しによる行列式の計算

n 次正方行列の行列式に関して, 定理 3.15 の (3.4), 系 3.18, 系 3.20 をまとめると, 次のようになる.

① 2 つの行を入れ替えると行列式の値は -1 倍になる.

② ある行を λ 倍すれば行列式の値も λ 倍になる.

③ ある行の定数倍を別の行に加えても行列式の値は変わらない.

これらを用いると, 次の例のように, 掃き出しによって行列式を計算することができる.

$$
\begin{aligned}
\det\begin{pmatrix} 1 & 2 & 3 \\ 3 & 4 & 5 \\ 7 & 8 & 6 \end{pmatrix} &= \det\begin{pmatrix} 1 & 2 & 3 \\ 0 & -2 & -4 \\ 0 & -6 & -15 \end{pmatrix} \\
&= (-2)\det\begin{pmatrix} 1 & 2 & 3 \\ 0 & 1 & 2 \\ 0 & -6 & -15 \end{pmatrix} \\
&= (-2)\det\begin{pmatrix} 1 & 2 & 3 \\ 0 & 1 & 2 \\ 0 & 0 & -3 \end{pmatrix} \\
&= (-2)(-3)\det\begin{pmatrix} 1 & 2 & 3 \\ 0 & 1 & 2 \\ 0 & 0 & 1 \end{pmatrix} \\
&= 6
\end{aligned}
$$

定義に従って行列式を計算するためには，$(n-1)\times n!$ 回のかけ算が必要である．そのため，定義通りの行列式の計算は，たとえば $n \leq 3$ というような特別の場合を除けば実用的ではない．一方，行列式の計算に掃き出しを用いると，n^3 に比例した回数の乗除算で済むので，n が大きい場合には掃き出しのほうがはるかに実用的な行列式の計算方法である．

さて，上の掃き出しによる行列式の計算においては，ゼロでない定数を次々とくくり出しながらピボットを作っていった．もしも途中で一度でもピボットが対角成分上に作れず右にずれてしまうと，上三角行列になった段階で対角成分の積がゼロになるから行列式はゼロである．したがって，行列式がゼロでないのはすべての対角成分上にピボットが並ぶときだけである．このとき，明らかに掃き出し操作は単位行列まで進めることができる．すなわち，次がわかった．

命題 3.22 n 次正方行列 $\boldsymbol{A}$ が $\det \boldsymbol{A} \neq 0$ を満たすならば，$\boldsymbol{A}$ は掃き出しによって単位行列まで変形できる．

3.5　行列式の特徴付けと応用

3.5.1　行列式の特徴付け

行列式を，n 個の列ベクトル $\boldsymbol{a}_1, \ldots, \boldsymbol{a}_n$ に対して数 $\det(\boldsymbol{a}_1, \ldots, \boldsymbol{a}_n)$ を対応させる関数，

$$F : \mathbf{R}^n \times \cdots \times \mathbf{R}^n \longrightarrow \mathbf{R}$$

と考えると，次の性質が成り立つことは定理 3.16 と系 3.18 で見た．

$$\text{(I)} \quad F(\ldots, \boldsymbol{a}'_m + \boldsymbol{a}''_m, \ldots) = F(\ldots, \boldsymbol{a}'_m, \ldots) + F(\ldots, \boldsymbol{a}''_m, \ldots)$$

$$\text{(II)} \quad F(\ldots, \lambda\boldsymbol{a}_m, \ldots) = \lambda F(\ldots, \boldsymbol{a}_m, \ldots)$$

$$\text{(III)} \quad F(\ldots, \boldsymbol{a}_k, \ldots, \boldsymbol{a}_l, \ldots) = -F(\ldots, \boldsymbol{a}_l, \ldots, \boldsymbol{a}_k, \ldots)$$

実は，これらの条件を満たす関数 F は行列式の定数倍のみであることがわかる．

定理 3.23　n 個の列ベクトル $\boldsymbol{a}_1, \ldots, \boldsymbol{a}_n$ に数 $F(\boldsymbol{a}_1, \ldots, \boldsymbol{a}_n)$ を対応させる関数 F が上の条件 (I)〜(III) を満たすならば，

$$F(\boldsymbol{a}_1, \ldots, \boldsymbol{a}_n) = F(\boldsymbol{e}_1, \ldots, \boldsymbol{e}_n)\det(\boldsymbol{a}_1, \ldots, \boldsymbol{a}_n)$$

である．

証明　まず最初に，任意の $\sigma \in \mathfrak{S}_n$ に対して F が

$$F(\boldsymbol{a}_{1^\sigma}, \ldots, \boldsymbol{a}_{n^\sigma}) = \mathrm{sgn}(\sigma)F(\boldsymbol{a}_1, \ldots, \boldsymbol{a}_n) \tag{3.7}$$

を満たすことを示そう．

まず，仮定 (III) は σ が互換の場合に (3.7) が成り立つことを示している．一般の置換 σ は命題 3.5 によりいくつかの互換の積として $\sigma = \tau_1 \cdots \tau_k$ と書くことができる．このとき，$\boldsymbol{a}_1, \ldots, \boldsymbol{a}_n$ の順番を互換によって入れ替えるたびに F の値が -1 倍になるのだから，

$$F(\boldsymbol{a}_{1^\sigma}, \ldots, \boldsymbol{a}_{n^\sigma}) = (-1)^k F(\boldsymbol{a}_1, \ldots, \boldsymbol{a}_n)$$

となるが，$\mathrm{sgn}(\sigma) = \mathrm{sgn}(\tau_1) \cdots \mathrm{sgn}(\tau_k) = (-1)^k$ だから，やはりこの場合も

(3.7) が成り立つ.

さて，列ベクトル $\boldsymbol{a}_j$ の第 i 成分を a_{ij} としよう．よって，

$$\boldsymbol{a}_j = \sum_{i=1}^{n} a_{ij}\boldsymbol{e}_i$$

である．(I), (II) を用いると

$$\begin{aligned}
F(\boldsymbol{a}_1, \ldots, \boldsymbol{a}_n) &= F(\sum_{i_1=1}^{n} a_{i_1 1}\boldsymbol{e}_{i_1}, \ldots, \sum_{i_n=1}^{n} a_{i_n n}\boldsymbol{e}_{i_n}) \\
&= \sum_{i_1=1}^{n} \cdots \sum_{i_n=1}^{n} a_{i_1 1} \cdots a_{i_n n} F(\boldsymbol{e}_{i_1}, \ldots, \boldsymbol{e}_{i_n})
\end{aligned}$$

ここで，(III) より $i_1, \ldots, i_n$ の中に同じものが一組でもあれば $F(\boldsymbol{e}_{i_1}, \ldots, \boldsymbol{e}_{i_n}) = 0$ であるから，上の和は $i_1, \ldots, i_n$ が相異なる場合にのみ加えればよい.

$$\sigma = \begin{pmatrix} 1 & \ldots & n \\ i_1 & \ldots & i_n \end{pmatrix}$$

と書くことにすれば，

$$\begin{aligned}
F(\boldsymbol{a}_1, \ldots, \boldsymbol{a}_n) &= \sum_{\sigma \in \mathfrak{S}_n} a_{1^\sigma 1} \cdots a_{n^\sigma n} F(\boldsymbol{e}_{1^\sigma}, \ldots, \boldsymbol{e}_{n^\sigma}) \\
&= \sum_{\sigma \in \mathfrak{S}_n} a_{1^\sigma 1} \cdots a_{n^\sigma n} \mathrm{sgn}(\sigma) F(\boldsymbol{e}_1, \ldots, \boldsymbol{e}_n) \\
&= F(\boldsymbol{e}_1, \ldots, \boldsymbol{e}_n) \sum_{\sigma \in \mathfrak{S}_n} \mathrm{sgn}(\sigma) a_{1^\sigma 1} \cdots a_{n^\sigma n} \\
&= F(\boldsymbol{e}_1, \ldots, \boldsymbol{e}_n) \det(\boldsymbol{a}_1, \ldots, \boldsymbol{a}_n)
\end{aligned}$$

となって定理が証明された. (証明終)

上の定理は，行列の列に関する形で述べたが，行に対する同様の定理も成り立つ.

3.5.2　積の行列式

定理 3.23 を用いると，行列式のもっとも重要な性質の一つを示すことができる：

定理 3.24　$\boldsymbol{A}, \boldsymbol{B}$ を n 次正方行列とするとき，次が成り立つ．

$$\det \boldsymbol{AB} = (\det \boldsymbol{A})(\det \boldsymbol{B})$$

証明　$\boldsymbol{B} = (\boldsymbol{b}_1, \ldots, \boldsymbol{b}_n)$ と書いて $\det \boldsymbol{AB}$ を $\boldsymbol{b}_1, \ldots, \boldsymbol{b}_n$ の関数と考える．

$$\begin{aligned} F(\boldsymbol{b}_1, \ldots, \boldsymbol{b}_n) &= \det \boldsymbol{AB} \\ &= \det(\boldsymbol{Ab}_1, \ldots, \boldsymbol{Ab}_n) \end{aligned}$$

とおくと，容易に確かめられるように，F は定理 3.23 の条件 (I)〜(III) を満たす．したがって，

$$\begin{aligned} F(\boldsymbol{b}_1, \ldots, \boldsymbol{b}_n) &= F(\boldsymbol{e}_1, \ldots, \boldsymbol{e}_n) \det(\boldsymbol{b}_1, \ldots, \boldsymbol{b}_n) \\ &= (\det \boldsymbol{A})(\det \boldsymbol{B}) \end{aligned}$$

（証明終）

3.5.3　正則性の同値条件 I

定理 3.25　n 次正方行列 $\boldsymbol{A}$ について，次の 6 つの条件は同値．

(1) $\boldsymbol{A}$ は正則行列．

(2) 方程式 $\boldsymbol{Ax} = \boldsymbol{b}$ は任意の $\boldsymbol{b} \in \mathbf{R}^n$ に対して解をもつ．

(3) $\boldsymbol{AB} = \mathbf{1}$ となる n 次正方行列 $\boldsymbol{B}$ が存在する．

(4) $\boldsymbol{BA} = \mathbf{1}$ となる n 次正方行列 $\boldsymbol{B}$ が存在する．

(5) $\det \boldsymbol{A} \neq 0$

(6) $\boldsymbol{A}$ は掃き出しによって単位行列まで変形できる．

証明　(1) ⇒ (2) および (2) ⇒ (3) は命題 2.9 で示した．また，(1) ⇒ (4) は定義から自明である．

(3) ⇒ (5) と (4) ⇒ (5) を示そう．$\boldsymbol{BA} = \mathbf{1}$ にせよ $\boldsymbol{AB} = \mathbf{1}$ にせよ，両辺の行列式を計算すれば，定理 3.24 より，

$$(\det \boldsymbol{A})(\det \boldsymbol{B}) = \det \mathbf{1} = 1$$

となる．よって $\det \boldsymbol{A} \neq 0$ である．

(5) ⇒ (6) は命題 3.22 で示した．最後に，(6) ⇒ (1) は命題 2.8 で示した．こ

れで (1)~(6) のすべての条件がお互いに同値であることが証明された. (証明終)

系 3.26 n 次正方行列 $\boldsymbol{A}, \boldsymbol{B}$ に対し,

$$\boldsymbol{AB} = \mathbf{1} \Rightarrow \boldsymbol{BA} = \mathbf{1}$$

証明 $\boldsymbol{AB} = \mathbf{1}$ とすれば, 定理 3.25 によって $\boldsymbol{A}$ の逆行列が存在し, 命題 2.6 によって $\boldsymbol{A}^{-1}$ は $\boldsymbol{B}$ に一致する. したがって,

$$\boldsymbol{BA} = \boldsymbol{A}^{-1}\boldsymbol{A} = \mathbf{1}$$

(証明終)

3.6 行列式の展開と応用

3.6.1 行列式の展開

n 次正方行列 $\boldsymbol{A}$ の行列式 (3.1) を n^2 個の成分 $\boldsymbol{A}_{ij}$ を変数とする多項式と見るならば, 各行の成分について 1 次式となっている. したがって, たとえば, 第 k 行の成分 $\boldsymbol{A}_{k1}, \ldots, \boldsymbol{A}_{kn}$ について

$$\det \boldsymbol{A} = \boldsymbol{A}_{k1} f_1 + \cdots + \boldsymbol{A}_{kn} f_n \tag{3.8}$$

のように書き表すことができる. ここで $f_1, \ldots, f_n$ は $\boldsymbol{A}_{k1}, \ldots, \boldsymbol{A}_{kn}$ を含まない $\boldsymbol{A}_{ij}$ の多項式である. 行列式をこのように表すことを, 行列式を第 k 行について展開するという.

例 3.27 $\boldsymbol{A}$ が 3 次正方行列のとき, $\det \boldsymbol{A}$ を第 1 行について展開すれば, 次のようになる.

$$\boldsymbol{A}_{11}(\boldsymbol{A}_{22}\boldsymbol{A}_{33}-\boldsymbol{A}_{23}\boldsymbol{A}_{32})+\boldsymbol{A}_{12}(\boldsymbol{A}_{23}\boldsymbol{A}_{31}-\boldsymbol{A}_{21}\boldsymbol{A}_{33})+\boldsymbol{A}_{13}(\boldsymbol{A}_{21}\boldsymbol{A}_{32}-\boldsymbol{A}_{22}\boldsymbol{A}_{31})$$

定義 3.28 (余因子) $\boldsymbol{A}$ を n 次正方行列とするとき,

$$\widetilde{\boldsymbol{A}}_{ij} = (-1)^{i+j} \det \boldsymbol{A}[\overset{\times}{i}, \overset{\times}{j}]$$

を $\boldsymbol{A}$ の (i,j) 余因子 (cofactor) とよぶ. ただしここで, $\boldsymbol{A}[\overset{\times}{i}, \overset{\times}{j}]$ は, $\boldsymbol{A}$ の第 i

行と第 j 列を取り除いて得られる $n-1$ 次正方行列を表す.

定理 3.29 (行列式の行に関する展開)　$\boldsymbol{A}$ を n 次正方行列とするとき，任意の k に対して，

$$\det \boldsymbol{A} = \boldsymbol{A}_{k1}\widetilde{\boldsymbol{A}}_{k1} + \cdots + \boldsymbol{A}_{kn}\widetilde{\boldsymbol{A}}_{kn} \tag{3.9}$$

が成り立つ．すなわち，行列式の展開における係数は，余因子で与えられる．

証明　行列式の展開式 (3.8) において，$\boldsymbol{A}_{kj}$ の係数 f_j は，

$$\boldsymbol{A}_{kj} = 1, \qquad \boldsymbol{A}_{k1} = \cdots = \boldsymbol{A}_{k\,j-1} = \boldsymbol{A}_{k\,j+1} = \cdots = \boldsymbol{A}_{kn} = 0$$

としたときの $\det \boldsymbol{A}$ の値であるから，

$$\begin{aligned}
f_j &= \det \begin{pmatrix} \boldsymbol{A}_{11} & \dots & \boldsymbol{A}_{1\,j-1} & \boldsymbol{A}_{1j} & \boldsymbol{A}_{1\,j+1} & \dots & \boldsymbol{A}_{1n} \\ \vdots & \dots & \vdots & \vdots & \vdots & \dots & \vdots \\ 0 & \dots & 0 & 1 & 0 & \dots & 0 \\ \vdots & \dots & \vdots & \vdots & \vdots & \dots & \vdots \\ \boldsymbol{A}_{n1} & \dots & \boldsymbol{A}_{n\,j-1} & \boldsymbol{A}_{nj} & \boldsymbol{A}_{n\,j+1} & \dots & \boldsymbol{A}_{nn} \end{pmatrix} < k \\
&= (-1)^{n-j} \det \begin{pmatrix} \boldsymbol{A}_{11} & \dots & \boldsymbol{A}_{1\,j-1} & \boldsymbol{A}_{1\,j+1} & \dots & \boldsymbol{A}_{1n} & \boldsymbol{A}_{1j} \\ \vdots & \dots & \vdots & \vdots & \dots & \vdots & \vdots \\ 0 & \dots & 0 & 0 & \dots & 0 & 1 \\ \vdots & \dots & \vdots & \vdots & \dots & \vdots & \vdots \\ \boldsymbol{A}_{n1} & \dots & \boldsymbol{A}_{n\,j-1} & \boldsymbol{A}_{n\,j+1} & \dots & \boldsymbol{A}_{nn} & \boldsymbol{A}_{nj} \end{pmatrix} < k \\
&= (-1)^{n-j}(-1)^{n-k} \det \left(\begin{array}{ccc|c} & & & \boldsymbol{A}_{1j} \\ & & & \vdots \\ & \boldsymbol{A}[\overset{\times}{k}, \overset{\times}{j}] & & \boldsymbol{A}_{k-1\,j} \\ & & & \boldsymbol{A}_{k+1\,j} \\ & & & \vdots \\ & & & \boldsymbol{A}_{nj} \\ \hline 0 & \dots & 0 & 1 \end{array}\right)
\end{aligned}$$

$$= (-1)^{k+j} \det \boldsymbol{A}[\overset{\times}{k}, \overset{\times}{j}]$$

最後は補題 3.11 を用いた. (証明終)

転置を考えれば, 次もわかる.

定理 3.30 (行列式の列に関する展開) $\boldsymbol{A}$ を n 次正方行列とするとき, 任意の l に対して,

$$\det \boldsymbol{A} = \boldsymbol{A}_{1l}\widetilde{\boldsymbol{A}}_{1l} + \cdots + \boldsymbol{A}_{nl}\widetilde{\boldsymbol{A}}_{nl} \tag{3.10}$$

が成り立つ.

例 3.31 応用例として, n 次正方行列 $(n \geq 2)$ で, 対角成分が a, $(1, n)$ 成分と $(i, i-1)$ 成分 $(i = 2, \ldots, n)$ が b で, その他の成分がすべて 0 であるものの行列式を考えよう.

$$D_n = \det \begin{pmatrix} a & 0 & \ldots & 0 & b \\ b & a & \ddots & & 0 \\ 0 & b & \ddots & \ddots & \vdots \\ \vdots & \ddots & \ddots & a & 0 \\ 0 & \ldots & 0 & b & a \end{pmatrix}$$

第 1 行について展開すれば,

$$\begin{aligned} D_n &= a \det \begin{pmatrix} a & 0 & \ldots & 0 \\ b & a & \ddots & \vdots \\ & \ddots & \ddots & 0 \\ 0 & & b & a \end{pmatrix} + b(-1)^{1+n} \det \begin{pmatrix} b & a & & 0 \\ 0 & b & \ddots & \\ \vdots & \ddots & \ddots & a \\ 0 & \ldots & 0 & b \end{pmatrix} \\ &= aa^{n-1} + b(-1)^{1+n}b^{n-1} \\ &= a^n + (-1)^{1+n}b^n \end{aligned}$$

3.6.2 クラメルの公式

定義 3.32 (余因子行列) $\boldsymbol{A}$ が n 次正方行列のとき，$\boldsymbol{A}$ の (i,j) 余因子 $\widetilde{\boldsymbol{A}}_{ij}$ を (i,j) 成分とする行列 $\widetilde{\boldsymbol{A}}$ を，$\boldsymbol{A}$ の余因子行列とよぶ．

$\widetilde{\boldsymbol{A}}$ ではなく，その転置行列 ${}^t\widetilde{\boldsymbol{A}}$ を余因子行列とよぶ人もいるので注意が必要である．また，余因子行列 $\widetilde{\boldsymbol{A}}$ とは区別して，${}^t\widetilde{\boldsymbol{A}}$ を $\boldsymbol{A}$ のアジョイントとよぶ人もいる．しかし，普通，$\boldsymbol{A}$ のアジョイントといえば，複素行列の意味での $\boldsymbol{A}$ の転置行列の複素共役を表すので，これまた注意が必要である．そのため，${}^t\widetilde{\boldsymbol{A}}$ を $\boldsymbol{A}$ の古典的アジョイントとよぶ場合もある．どうしてそうまでしてみんな ${}^t\widetilde{\boldsymbol{A}}$ にこだわるのかというと，次の定理があるからである．

定理 3.33 $\boldsymbol{A}$ は n 次正則行列とする．このとき，次が成り立つ．

$$\boldsymbol{A}^{-1} = \frac{1}{\det \boldsymbol{A}}{}^t\widetilde{\boldsymbol{A}}$$

証明 $\boldsymbol{A}\,{}^t\widetilde{\boldsymbol{A}}$ の (k,l) 成分を計算してみると，

$$(\boldsymbol{A}\,{}^t\widetilde{\boldsymbol{A}})_{kl} = \boldsymbol{A}_{k1}\widetilde{\boldsymbol{A}}_{l1} + \cdots + \boldsymbol{A}_{kn}\widetilde{\boldsymbol{A}}_{ln}$$

となる．$k = l$ のときは，右辺は $\det \boldsymbol{A}$ の第 k 行に関する展開式であるから，値は $\det \boldsymbol{A}$ に等しい．$k \neq l$ のときは，右辺は $\det \boldsymbol{A}$ の第 l 行に関する展開式において，第 l 行の成分 $\boldsymbol{A}_{l1}, \ldots, \boldsymbol{A}_{ln}$ の代わりに第 k 行の成分 $\boldsymbol{A}_{k1}, \ldots, \boldsymbol{A}_{kn}$ を代入したものであるから，これは第 k 行と第 l 行が等しい行列の行列式を表しており，したがって値は 0 になる．つまり，

$$(\boldsymbol{A}\,{}^t\widetilde{\boldsymbol{A}})_{kl} = \begin{cases} \det \boldsymbol{A} & k = l \text{ のとき} \\ 0 & k \neq l \text{ のとき} \end{cases}$$

よって，

$$\boldsymbol{A}\,{}^t\widetilde{\boldsymbol{A}} = (\det \boldsymbol{A})\mathbf{1}$$

である．この両辺を $1/\det \boldsymbol{A}$ 倍すれば，$(1/\det \boldsymbol{A}){}^t\widetilde{\boldsymbol{A}}$ が $\boldsymbol{A}$ の逆行列であることがわかる．(証明終)

この定理から，有名なクラメルの公式 (Cramer's rule) が導かれる．

系 3.34 (クラメルの公式) $\boldsymbol{A} = (\boldsymbol{a}_1, \ldots, \boldsymbol{a}_n)$ を n 次正則行列とする．

$$\boldsymbol{x} = \begin{pmatrix} x_1 \\ \vdots \\ x_n \end{pmatrix}, \qquad \boldsymbol{b} = \begin{pmatrix} b_1 \\ \vdots \\ b_n \end{pmatrix}$$

とおくとき，方程式

$$\boldsymbol{A}\boldsymbol{x} = \boldsymbol{b} \tag{3.11}$$

の (唯一の) 解 $\boldsymbol{x}$ の第 i 成分は，

$$x_i = \frac{\det(\boldsymbol{a}_1, \ldots, \boldsymbol{a}_{i-1}, \boldsymbol{b}, \boldsymbol{a}_{i+1}, \ldots, \boldsymbol{a}_n)}{\det \boldsymbol{A}}$$

で与えられる．

証明　(3.11) の両辺に左から ${}^t\widetilde{\boldsymbol{A}}$ をかけると，定理 3.33 により，

$$(\det \boldsymbol{A})\boldsymbol{x} = {}^t\widetilde{\boldsymbol{A}}\boldsymbol{b}$$

である．したがって，

$$(\det \boldsymbol{A})x_i = \sum_{j=1}^{n} ({}^t\widetilde{\boldsymbol{A}})_{ij} b_j = \sum_{j=1}^{n} b_j \widetilde{\boldsymbol{A}}_{ji}$$

となるが，これは，行列式 $\det \boldsymbol{A}$ の第 i 列に関する展開式において第 i 列に $\boldsymbol{b}$ を代入したものになっている．よって，

$$(\det \boldsymbol{A})x_i = \det(\boldsymbol{a}_1, \ldots, \boldsymbol{a}_{i-1}, \boldsymbol{b}, \boldsymbol{a}_{i+1}, \ldots, \boldsymbol{a}_n)$$

である．(証明終)

演 習 問 題

3.1　4 次置換

$$\sigma = \begin{pmatrix} 1 & 2 & 3 & 4 \\ 3 & 4 & 2 & 1 \end{pmatrix}, \quad \tau = \begin{pmatrix} 1 & 2 & 3 & 4 \\ 2 & 1 & 4 & 3 \end{pmatrix}$$

に対して，次を求めよ．(1) σ^{-1} (2) $\sigma\tau\sigma^{-1}$ (3) $\mathrm{sgn}(\sigma)$ (4) $\mathrm{sgn}(\sigma^9)$

3.2 次の各行列の行列式を求めよ．

$$(1)\begin{pmatrix} 1 & 2 & 3 \\ 2 & 3 & 4 \\ 3 & 4 & 5 \end{pmatrix} \quad (2)\begin{pmatrix} 0 & 1 & 1 & 1 \\ 1 & 0 & 1 & 1 \\ 1 & 1 & 0 & 1 \\ 1 & 1 & 1 & 0 \end{pmatrix} \quad (3)\begin{pmatrix} 0 & 0 & 4 & 0 & 3 \\ 0 & 0 & 0 & 6 & 0 \\ 2 & 0 & 0 & 0 & 0 \\ 0 & 0 & 7 & 0 & 5 \\ 0 & 1 & 0 & 0 & 0 \end{pmatrix}$$

$$(4)\begin{pmatrix} 1 & a & a^2 \\ 1 & b & b^2 \\ 1 & c & c^2 \end{pmatrix} \quad (5)\begin{pmatrix} a & 0 & b & 0 \\ 0 & a & 0 & b \\ c & 0 & d & 0 \\ 0 & c & 0 & d \end{pmatrix}$$

3.3 4 次正方行列

$$\boldsymbol{A} = \begin{pmatrix} 1 & 5 & 8 & 10 \\ 0 & 2 & 6 & 9 \\ 0 & 0 & 3 & 7 \\ 0 & 0 & 0 & 4 \end{pmatrix}, \quad \boldsymbol{B} = \begin{pmatrix} 0 & 0 & 0 & 0 \\ a & 0 & 0 & 0 \\ 0 & 0 & 0 & 0 \\ 0 & 0 & 0 & 0 \end{pmatrix}$$

に対し，(1) $\det \boldsymbol{A}$ を求めよ． (2) $\det(\boldsymbol{A}+\boldsymbol{B})$ を求めよ．

3.4 n 次正方行列で，対角成分が t，その両側の成分が 1 で，その他の成分がすべて 0 であるものの行列式を

$$D_n = \det \begin{pmatrix} t & 1 & 0 & \ldots & 0 \\ 1 & t & 1 & \ddots & \vdots \\ 0 & 1 & t & \ddots & 0 \\ \vdots & \ddots & \ddots & \ddots & 1 \\ 0 & \ldots & 0 & 1 & t \end{pmatrix}$$

とおく．このとき，(1) D_2, D_3 を求めよ． (2) D_n が満たす漸化式を求めよ． (3) それを利用して D_5 を求めよ．

3.5 クラメルの公式を用いて変数 x, y に関する連立 1 次方程式

$$\begin{cases} ax + by = e \\ cx + dy = f \end{cases}$$

の解を書き下せ．

第4章

ユークリッド空間

CHAPTER 4

4.1　内積と直交行列

4.1.1　ベクトルの長さと内積

定義 4.1 (長さ)　n 次元列ベクトル

$$\boldsymbol{v} = \begin{pmatrix} v_1 \\ \vdots \\ v_n \end{pmatrix} \in \mathbf{R}^n$$

に対し,

$$|\boldsymbol{v}| = \sqrt{v_1^2 + \cdots + v_n^2}$$

と定義し, これを $\boldsymbol{v}$ の長さ, または, 大きさとよぶ.

このとき, 明らかに次が成り立つ.

$$|\boldsymbol{v}| = 0 \quad \Leftrightarrow \quad \boldsymbol{v} = \mathbf{0}$$

長さが1のベクトルを単位ベクトル (unit vector) とよぶ.

定義 4.2 (内積)　n 次元列ベクトル

$$\boldsymbol{u} = \begin{pmatrix} u_1 \\ \vdots \\ u_n \end{pmatrix}, \quad \boldsymbol{v} = \begin{pmatrix} v_1 \\ \vdots \\ v_n \end{pmatrix}$$

に対し, $\boldsymbol{u}$ と $\boldsymbol{v}$ の内積 (inner product) $\boldsymbol{u} \cdot \boldsymbol{v}$ を

$$\boldsymbol{u}\cdot\boldsymbol{v} = u_1v_1 + \cdots + u_nv_n$$

と定義する．内積の値はスカラー，すなわち，実数であることから内積をスカラー積 (scalar product) とよぶこともある．

内積に関して次が成り立つ．

(1) $\boldsymbol{u}\cdot\boldsymbol{v} = \boldsymbol{v}\cdot\boldsymbol{u}$

(2) $\boldsymbol{w}\cdot(\boldsymbol{u}+\boldsymbol{v}) = \boldsymbol{w}\cdot\boldsymbol{u} + \boldsymbol{w}\cdot\boldsymbol{v}$

$(\boldsymbol{u}+\boldsymbol{v})\cdot\boldsymbol{w} = \boldsymbol{u}\cdot\boldsymbol{w} + \boldsymbol{v}\cdot\boldsymbol{w}$

(3) $(\lambda\boldsymbol{u})\cdot\boldsymbol{v} = \boldsymbol{u}\cdot(\lambda\boldsymbol{v}) = \lambda(\boldsymbol{u}\cdot\boldsymbol{v})$

(4) $\boldsymbol{v}\cdot\boldsymbol{v} = |\boldsymbol{v}|^2$

とくに，(4) より長さは内積を用いて表すことができる．(1) ～ (4) を用いると，任意の $t\in\mathbf{R}$ に対して，

$$\begin{aligned} |\boldsymbol{u}+t\boldsymbol{v}|^2 &= (\boldsymbol{u}+t\boldsymbol{v})\cdot(\boldsymbol{u}+t\boldsymbol{v}) \\ &= \boldsymbol{u}\cdot\boldsymbol{u} + 2t\,\boldsymbol{u}\cdot\boldsymbol{v} + t^2\,\boldsymbol{v}\cdot\boldsymbol{v} \\ &= |\boldsymbol{u}|^2 + 2t\,\boldsymbol{u}\cdot\boldsymbol{v} + t^2|\boldsymbol{v}|^2 \end{aligned} \tag{4.1}$$

を得る．ここで $t=-1$ とおいて整理すれば，

$$\boldsymbol{u}\cdot\boldsymbol{v} = \frac{1}{2}(|\boldsymbol{u}|^2 + |\boldsymbol{v}|^2 - |\boldsymbol{u}-\boldsymbol{v}|^2) \tag{4.2}$$

であるから，内積を逆に長さで表すこともできることがわかる．

4.1.2 ベクトル間の角

定理 4.3 (シュワルツの不等式)　任意の n 次元列ベクトル $\boldsymbol{u},\boldsymbol{v}\in\mathbf{R}^n$ に対し，

$$|\boldsymbol{u}\cdot\boldsymbol{v}| \leq |\boldsymbol{u}|\,|\boldsymbol{v}|$$

が成り立つ．

証明　もし $\boldsymbol{v}=\boldsymbol{0}$ ならば両辺はゼロであって，等式が成り立つことは明らかだから，$\boldsymbol{v}\neq\boldsymbol{0}$ と仮定しよう．このとき式 (4.1) の右辺を t についての 2 次式と見て平方完成すれば，

$$|\boldsymbol{u}+t\boldsymbol{v}|^2=|\boldsymbol{v}|^2\left(t+\frac{\boldsymbol{u}\cdot\boldsymbol{v}}{|\boldsymbol{v}|^2}\right)^2+|\boldsymbol{u}|^2-\frac{(\boldsymbol{u}\cdot\boldsymbol{v})^2}{|\boldsymbol{v}|^2}$$

となる．これが任意の t に対して非負であるから，

$$|\boldsymbol{u}|^2-\frac{(\boldsymbol{u}\cdot\boldsymbol{v})^2}{|\boldsymbol{v}|^2}\geq 0$$

でなければならない．よって，

$$|\boldsymbol{u}\cdot\boldsymbol{v}|\leq|\boldsymbol{u}|\,|\boldsymbol{v}|$$

となる．(証明終)

いま，$\boldsymbol{u},\boldsymbol{v}\neq\boldsymbol{0}$ とすると，シュワルツの不等式より，

$$-1\leq\frac{\boldsymbol{u}\cdot\boldsymbol{v}}{|\boldsymbol{u}|\,|\boldsymbol{v}|}\leq 1$$

であるから，

$$\cos\theta=\frac{\boldsymbol{u}\cdot\boldsymbol{v}}{|\boldsymbol{u}|\,|\boldsymbol{v}|} \tag{4.3}$$

となる θ が $0\leq\theta\leq\pi$ の範囲にただ一つ存在する．この θ をベクトル $\boldsymbol{u}$ と $\boldsymbol{v}$ のなす角とよぶ．

とくに，この角が $\theta=\pi/2$ のとき，すなわち，

$$\boldsymbol{u}\cdot\boldsymbol{v}=0$$

のとき，$\boldsymbol{u}$ と $\boldsymbol{v}$ は互いに直交するといい，$\boldsymbol{u}\perp\boldsymbol{v}$ と書く．$\boldsymbol{u}=\boldsymbol{0}$ または $\boldsymbol{v}=\boldsymbol{0}$ の場合も便宜上 $\boldsymbol{u}$ と $\boldsymbol{v}$ は直交するというが，この場合は式 (4.3) 右辺の分母分子がともにゼロであって，$\boldsymbol{u},\boldsymbol{v}$ のなす角自体は定義できないので注意が必要である．

例 4.4 $\mathbf{R}^3$ のベクトル

$$\boldsymbol{u}=\begin{pmatrix}1\\2\\3\end{pmatrix},\qquad \boldsymbol{v}=\begin{pmatrix}4\\1\\5\end{pmatrix}$$

のなす角を求めよう．

(4.3) において

$$\boldsymbol{u}\cdot\boldsymbol{v} = 1\times 4 + 2\times 1 + 3\times 5 = 21$$
$$|\boldsymbol{u}| = \sqrt{1^2+2^2+3^2} = \sqrt{14}$$
$$|\boldsymbol{v}| = \sqrt{4^2+1^2+5^2} = \sqrt{42}$$

であるから,

$$\cos\theta = \frac{\boldsymbol{u}\cdot\boldsymbol{v}}{|\boldsymbol{u}|\,|\boldsymbol{v}|} = \frac{21}{\sqrt{14}\sqrt{42}} = \frac{\sqrt{3}}{2}.$$

よって $\boldsymbol{u}$ と $\boldsymbol{v}$ のなす角は $\theta = \pi/6$ である.

さて, (4.3) を書き直せば,

$$\boldsymbol{u}\cdot\boldsymbol{v} = |\boldsymbol{u}|\,|\boldsymbol{v}|\cos\theta$$

となるが, これは内積の定義式ではないか, と思った人も多いのではないだろうか. この式による内積の定義は直感的にわかりやすく, 高校程度の教科書で広く採用されている. それに比べ, 上の議論はまわりくどいと感じたかもしれない. しかし, そもそも 2 つのベクトルのなす角 θ とは何かをよく考えてみると, それを厳密に定義するのは非常に難しいことがわかる. 数学として厳密に議論を展開するためには, まず定義 4.2 のように計算に基づいて内積を定義し, それをもとに 2 ベクトル間の角を定義するという順序で議論を進める必要があるわけである. いずれにせよ, ここで述べた内積は, 高校で習った内積と同じものであることに変わりはない.

4.1.3 直 交 行 列

定義 4.5 (直交行列) n 次正方行列が条件

$${}^t\boldsymbol{A}\boldsymbol{A} = \boldsymbol{1}$$

を満たすとき, $\boldsymbol{A}$ は n 次直交行列 (orthogonal matrix) であるという.

直交行列 $\boldsymbol{A}$ は正則行列であり, その逆行列は ${}^t\boldsymbol{A}$ ということになる.

定理 4.6 $\boldsymbol{A}$ を n 次正方行列とするとき, 次の 3 条件は同値.

(1) $\boldsymbol{A}$ は直交行列.

(2) 任意のベクトル $\boldsymbol{u}, \boldsymbol{v} \in \mathbf{R}^n$ に対して，$(\boldsymbol{A}\boldsymbol{u}) \cdot (\boldsymbol{A}\boldsymbol{v}) = \boldsymbol{u} \cdot \boldsymbol{v}$.

(3) 任意のベクトル $\boldsymbol{v} \in \mathbf{R}^n$ に対して，$|\boldsymbol{A}\boldsymbol{v}| = |\boldsymbol{v}|$.

上の (2) を，$\boldsymbol{A}$ は内積を保つ，と表現する．また，(3) を，$\boldsymbol{A}$ は長さを保つ，と表現する．つまり，直交行列は内積や長さを保つ行列である．

証明　まず，$\boldsymbol{u}$ と $\boldsymbol{v}$ の内積は，転置を用いて

$$\boldsymbol{u} \cdot \boldsymbol{v} = {}^t\boldsymbol{u}\boldsymbol{v}$$

とも表せることに注意しよう．

$$\begin{aligned}(\boldsymbol{A}\boldsymbol{u}) \cdot (\boldsymbol{A}\boldsymbol{v}) - \boldsymbol{u} \cdot \boldsymbol{v} &= {}^t(\boldsymbol{A}\boldsymbol{u})(\boldsymbol{A}\boldsymbol{v}) - {}^t\boldsymbol{u}\boldsymbol{v} \\ &= {}^t\boldsymbol{u}{}^t\boldsymbol{A}\boldsymbol{A}\boldsymbol{v} - {}^t\boldsymbol{u}\mathbf{1}\boldsymbol{v} \\ &= {}^t\boldsymbol{u}({}^t\boldsymbol{A}\boldsymbol{A} - \mathbf{1})\boldsymbol{v} \qquad (4.4)\end{aligned}$$

であるから，(1) を仮定すれば (2) が成り立つ．

逆に，(4.4) が任意のベクトル $\boldsymbol{u}, \boldsymbol{v} \in \mathbf{R}^n$ に対してゼロに等しいとき，${}^t\boldsymbol{A}\boldsymbol{A} - \mathbf{1}$ はゼロ行列である．なぜなら，一般に n 次正方行列 $\boldsymbol{B}$ に対して，

$${}^t\boldsymbol{e}_i\boldsymbol{B}\boldsymbol{e}_j = \boldsymbol{B}_{ij}$$

だから，これがすべての $\boldsymbol{e}_i, \boldsymbol{e}_j$ に対して 0 ならば $\boldsymbol{B}$ はゼロ行列となるからである．これで (2) ⇒ (1) がわかった．

$\boldsymbol{u} = \boldsymbol{v}$ の場合を考えれば (2) ⇒ (3) は明らかであるから，最後に (3) ⇒ (2) を示そう．(4.2) を用いれば，

$$(\boldsymbol{A}\boldsymbol{u}) \cdot (\boldsymbol{A}\boldsymbol{v}) = \frac{1}{2}(|\boldsymbol{A}\boldsymbol{u}|^2 + |\boldsymbol{A}\boldsymbol{v}|^2 - |\boldsymbol{A}\boldsymbol{u} - \boldsymbol{A}\boldsymbol{v}|^2)$$

であるが，ここで (3) より，

$$|\boldsymbol{A}\boldsymbol{u}| = |\boldsymbol{u}|, \quad |\boldsymbol{A}\boldsymbol{v}| = |\boldsymbol{v}|, \quad |\boldsymbol{A}\boldsymbol{u} - \boldsymbol{A}\boldsymbol{v}| = |\boldsymbol{A}(\boldsymbol{u} - \boldsymbol{v})| = |\boldsymbol{u} - \boldsymbol{v}|$$

であるから，再び (4.2) を用いて，

$$\begin{aligned}(\boldsymbol{A}\boldsymbol{u}) \cdot (\boldsymbol{A}\boldsymbol{v}) &= \frac{1}{2}(|\boldsymbol{u}|^2 + |\boldsymbol{v}|^2 - |\boldsymbol{u} - \boldsymbol{v}|^2) \\ &= \boldsymbol{u} \cdot \boldsymbol{v}\end{aligned}$$

となる．(証明終)

定義 4.7 n 次直交行列全体からなる集合を $O(n)$ で表し，n 次直交群 (orthogonal group) とよぶ．

$\boldsymbol{A}, \boldsymbol{B}$ が直交行列のとき，積 $\boldsymbol{AB}$ も直交行列である．実際，

$$^t(\boldsymbol{AB})(\boldsymbol{AB}) = {}^t\boldsymbol{B}{}^t\boldsymbol{A}\boldsymbol{A}\boldsymbol{B} = {}^t\boldsymbol{B}\boldsymbol{1}\boldsymbol{B} = {}^t\boldsymbol{B}\boldsymbol{B} = \boldsymbol{1}$$

が成り立つ．単位行列は直交行列である．直交行列 $\boldsymbol{A}$ の逆行列 ${}^t\boldsymbol{A}$ はまた直交行列である：

$$^t({}^t\boldsymbol{A}){}^t\boldsymbol{A} = \boldsymbol{A}{}^t\boldsymbol{A} = \boldsymbol{1}$$

$\boldsymbol{A}$ が直交行列のとき，${}^t\boldsymbol{A}\boldsymbol{A} = \boldsymbol{1}$ の両辺の行列式を計算すれば $(\det \boldsymbol{A})^2 = 1$ となるから，$\det \boldsymbol{A} = \pm 1$ であることがわかる．とくに，$\det \boldsymbol{A} = +1$ となる直交行列を正の直交行列，$\det \boldsymbol{A} = -1$ となる直交行列を負の直交行列とよぶ．

n 次直交行列の第 j 列を $\boldsymbol{a}_j$ として，

$$\boldsymbol{A} = (\boldsymbol{a}_1, \ldots, \boldsymbol{a}_n)$$

とするとき，

$$\begin{aligned}({}^t\boldsymbol{A}\boldsymbol{A})_{ij} &= \sum_{k=1}^{n} {}^t\boldsymbol{A}_{ik}\boldsymbol{A}_{kj} \\ &= \sum_{k=1}^{n} \boldsymbol{A}_{ki}\boldsymbol{A}_{kj} \\ &= \sum_{k=1}^{n} (\boldsymbol{a}_i)_k(\boldsymbol{a}_j)_k \\ &= \boldsymbol{a}_i \cdot \boldsymbol{a}_j\end{aligned}$$

であるから，直交行列の条件 ${}^t\boldsymbol{A}\boldsymbol{A} = \boldsymbol{1}$ は，

$$\boldsymbol{a}_i \cdot \boldsymbol{a}_j = \delta_{ij}$$

となる．すなわち，

$$\begin{cases} |\boldsymbol{a}_i| = 1 & (i = 1, \ldots, n) \\ \boldsymbol{a}_i \perp \boldsymbol{a}_j & (i \neq j \text{ のとき}) \end{cases} \tag{4.5}$$

が成り立つ．

一般に，ベクトル $\boldsymbol{a}_1, \ldots, \boldsymbol{a}_n$ が条件 (4.5) を満たすとき，それらのベクトルは正規直交系 (orthonormal system) をなすという．つまり，直交行列の n 個の列ベクトルは正規直交系をなす．だから，直交行列という名前がついているわけである．

例 4.8 2 次直交行列は，次のいずれかである．

(1) 原点を中心とする角 θ $(0 \leq \theta < 2\pi)$ の回転を表す行列

$$\boldsymbol{R}_\theta = \begin{pmatrix} \cos\theta & -\sin\theta \\ \sin\theta & \cos\theta \end{pmatrix}$$

(2) 原点を通り，基本ベクトル $\boldsymbol{e}_1$ から $\boldsymbol{e}_2$ に向かって角 φ $(0 \leq \varphi < \pi)$ をなす直線に関する線対称を表す行列

$$\boldsymbol{S}_\varphi = \begin{pmatrix} \cos 2\varphi & \sin 2\varphi \\ \sin 2\varphi & -\cos 2\varphi \end{pmatrix}$$

理由を説明しよう．

$$\boldsymbol{A} = \begin{pmatrix} a & b \\ c & d \end{pmatrix}$$

が直交行列であるとすると，その 2 つの列

$$\boldsymbol{a}_1 = \begin{pmatrix} a \\ c \end{pmatrix}, \qquad \boldsymbol{a}_2 = \begin{pmatrix} b \\ d \end{pmatrix}$$

は正規直交系をなす．まず $|\boldsymbol{a}_1| = 1$ より，

$$\boldsymbol{a}_1 = \begin{pmatrix} \cos\theta \\ \sin\theta \end{pmatrix} \qquad (0 \leq \theta < 2\pi)$$

とおくことができる．$\boldsymbol{a}_2$ はこれと直交する単位ベクトルであるから，

$$(1)\ \boldsymbol{a}_2 = \begin{pmatrix} -\sin\theta \\ \cos\theta \end{pmatrix}, \qquad (2)\ \boldsymbol{a}_2 = \begin{pmatrix} \sin\theta \\ -\cos\theta \end{pmatrix}$$

のいずれかである．(2) の場合，$\theta = 2\varphi$ とおくことで上に述べた形になる．このとき，簡単な計算で，

$$\boldsymbol{S}_\varphi = \boldsymbol{R}_\varphi \begin{pmatrix} 1 & 0 \\ 0 & -1 \end{pmatrix} \boldsymbol{R}_{-\varphi}$$

となることが確かめられる．原点を中心としてまず $-\varphi$ 回転した後，x 軸に関する線対称で写し，最後に φ 回転を行う変換であるから，結局，x 軸と角 φ をなす直線についての線対称変換になる．

4.2　ユークリッド空間

4.2.1　ユークリッド空間と距離

$\mathbf{R}^n$ を点の集合と考えた場合，n 次元ユークリッド空間とよぶ．点を表すには，普通

$$O = \begin{pmatrix} 0 \\ \vdots \\ 0 \end{pmatrix}, \qquad P = \begin{pmatrix} p_1 \\ \vdots \\ p_n \end{pmatrix}, \qquad Q = \begin{pmatrix} q_1 \\ \vdots \\ q_n \end{pmatrix}$$

のように大文字を用いる．成分がすべて 0 の点 O は原点 (origin) とよばれる．点 P, Q に対し，P を始点，Q を終点とするベクトル $\overrightarrow{PQ}$ を，

$$\overrightarrow{PQ} = \begin{pmatrix} q_1 - p_1 \\ \vdots \\ q_n - p_n \end{pmatrix}$$

で定義する．

とくに原点 O を始点，P を終点とするベクトル $\boldsymbol{p} = \overrightarrow{OP}$ は，成分だけ見れば点 P とまったく同じものであるが，これを点 P の位置ベクトルとよぶ．点 P とその位置ベクトル $\boldsymbol{p}$ は座標を通じて一対一に対応しているから，以下では位置ベクトルで点を表すことも行う．すなわち，点 $\boldsymbol{p}$ といえば，$\boldsymbol{p}$ を位置ベクトルにもつ点 P を指すこととする．したがって，$\boldsymbol{p}$ を始点，$\boldsymbol{q}$ を終点とするベクトルは，$\boldsymbol{q} - \boldsymbol{p}$ である．

たとえば，2 次元ユークリッド空間というのは我々のよく知っている平面のことである．x 軸も y 軸もない “素の” 平面上の点どうしは加えることもできなければ実数倍することもできない．それが本来の平面と点の概念である．そ

こに x 軸や y 軸を書き込んで座標を導入するから平面上の点を 2 次元ベクトルで表すことができる．つまり，座標によって平面という幾何学的対象を $\mathbf{R}^2$ という数の世界に写し取ったわけである．しかし，そもそも平面が何で，x 軸や y 軸とは何なのかを，改めて数学的に厳密に議論しようとすると，これが非常に難しい．そこで，どうせ $\mathbf{R}^2$ に写し取られる対象なんだから，いっそのこと $\mathbf{R}^2$ 自体を平面とよんでしまえ，というのがここでのユークリッド空間に対するアプローチである．本来ベクトル空間である $\mathbf{R}^n$ において，あえて加法やスカラー倍を忘れた集合をユークリッド空間と思いましょう，というのは中途半端な感じではあるが，直接的にユークリッド空間を扱うもっといい方法がないのだから仕方がない．

さて，ユークリッド空間におけるもっとも基本的な概念の一つは 2 点間の距離である．

定義 4.9 (距離)　$\mathbf{R}^n$ の 2 点

$$\boldsymbol{x} = \begin{pmatrix} x_1 \\ \vdots \\ x_n \end{pmatrix}, \quad \boldsymbol{y} = \begin{pmatrix} y_1 \\ \vdots \\ y_n \end{pmatrix}$$

間の距離を

$$d(\boldsymbol{x}, \boldsymbol{y}) = |\boldsymbol{y} - \boldsymbol{x}| = \sqrt{(y_1 - x_1)^2 + \cdots + (y_n - x_n)^2}$$

で定義する．

次の性質が成り立つ．

(1) $d(\boldsymbol{x}, \boldsymbol{y}) = 0 \Leftrightarrow \boldsymbol{x} = \boldsymbol{y}$

(2) $d(\boldsymbol{x}, \boldsymbol{y}) = d(\boldsymbol{y}, \boldsymbol{x})$

(3) $d(\boldsymbol{x}, \boldsymbol{z}) \leq d(\boldsymbol{x}, \boldsymbol{y}) + d(\boldsymbol{y}, \boldsymbol{z})$

このうち (3) は三角不等式とよばれ，次のようにして証明することができる．$\boldsymbol{u} = \boldsymbol{y} - \boldsymbol{x}$, $\boldsymbol{v} = \boldsymbol{z} - \boldsymbol{y}$ とおけば，

$$d(\boldsymbol{x}, \boldsymbol{z}) = |\boldsymbol{u} + \boldsymbol{v}|, \qquad d(\boldsymbol{x}, \boldsymbol{y}) = |\boldsymbol{u}|, \qquad d(\boldsymbol{y}, \boldsymbol{z}) = |\boldsymbol{v}|$$

であるから

$$|\boldsymbol{u}+\boldsymbol{v}| \leq |\boldsymbol{u}|+|\boldsymbol{v}| \tag{4.6}$$

を示せばよい．両辺の 2 乗どうしを比較すれば，(4.1) とシュワルツの不等式より，

$$\begin{aligned}|\boldsymbol{u}+\boldsymbol{v}|^2 &= |\boldsymbol{u}|^2+2\boldsymbol{u}\cdot\boldsymbol{v}+|\boldsymbol{v}|^2\\ &\leq |\boldsymbol{u}|^2+2|\boldsymbol{u}|\,|\boldsymbol{v}|+|\boldsymbol{v}|^2\\ &= (|\boldsymbol{u}|+|\boldsymbol{v}|)^2\end{aligned}$$

であるから，(4.6) が成り立つ．

4.2.2 アフィン変換・合同変換

一般に，集合 S から自分自身への写像を S の変換とよぶ．ここでは，n 次元ユークリッド空間 $\mathbf{R}^n$ の変換について考えよう．

定義 4.10 (アフィン変換)　$\mathbf{R}^n$ の変換

$$f:\mathbf{R}^n \longrightarrow \mathbf{R}^n$$

であって，n 次正則行列 $\boldsymbol{A}$ と n 次元ベクトル $\boldsymbol{b}$ を用いて，

$$f(\boldsymbol{x}) = \boldsymbol{A}\boldsymbol{x}+\boldsymbol{b} \qquad (\boldsymbol{x}\in\mathbf{R}^n) \tag{4.7}$$

と表されるものを，n 次元アフィン変換 (affine transformation) とよぶ．n 次元アフィン変換全体の集合を n 次元アフィン変換群とよぶ．

アフィン変換の合成はアフィン変換である．実際，

$$f(\boldsymbol{x}) = \boldsymbol{A}\boldsymbol{x}+\boldsymbol{a}, \qquad g(\boldsymbol{x}) = \boldsymbol{B}\boldsymbol{x}+\boldsymbol{b}$$

とするとき，

$$\begin{aligned}g\circ f(\boldsymbol{x}) &= \boldsymbol{B}(\boldsymbol{A}\boldsymbol{x}+\boldsymbol{a})+\boldsymbol{b}\\ &= (\boldsymbol{B}\boldsymbol{A})\boldsymbol{x}+(\boldsymbol{B}\boldsymbol{a}+\boldsymbol{b})\end{aligned}$$

であるから，合成写像 $g\circ f$ もアフィン変換である．

恒等写像は，$f(\boldsymbol{x}) = \boldsymbol{1}\boldsymbol{x}+\boldsymbol{0}$ と表され，アフィン変換の一種である．

$f(\boldsymbol{x}) = \boldsymbol{Ax} + \boldsymbol{b}$ で与えられるアフィン変換の逆変換が

$$f^{-1}(\boldsymbol{x}) = \boldsymbol{A}^{-1}\boldsymbol{x} - \boldsymbol{A}^{-1}\boldsymbol{b}$$

で与えられるアフィン変換であることは，容易に確かめられる．

定義 4.11 (合同変換) n 次元ユークリッド空間 $\mathbf{R}^n$ のアフィン変換 f で，とくに (4.7) において $\boldsymbol{A}$ が直交行列のものを，n 次元合同変換 (congruence transformation) とよぶ．n 次元合同変換の全体を n 次元合同変換群とよぶ．

合同変換の合成，恒等変換，合同変換の逆変換がまた合同変換になることは，アフィン変換の場合と同様にして確かめられる．

定理 4.12 n 次元アフィン変換 f について，次は同値．

(1) f は合同変換．

(2) $\mathbf{R}^n$ の任意の 2 点 $\boldsymbol{x}, \boldsymbol{y}$ に対して，$d(f(\boldsymbol{x}), f(\boldsymbol{y})) = d(\boldsymbol{x}, \boldsymbol{y})$.

条件 (2) を，f は 2 点間の距離を保つ，と表現する．すなわち，合同変換は 2 点間の距離を保つ $\mathbf{R}^n$ の変換である．

証明 (4.7) で与えられるアフィン変換 f と任意の 2 点 $\boldsymbol{x}, \boldsymbol{y}$ に対して，

$$d(f(\boldsymbol{x}), f(\boldsymbol{y})) = |(\boldsymbol{Ay} + \boldsymbol{b}) - (\boldsymbol{Ax} + \boldsymbol{b})| = |\boldsymbol{A}(\boldsymbol{y} - \boldsymbol{x})|$$
$$d(\boldsymbol{x}, \boldsymbol{y}) = |\boldsymbol{y} - \boldsymbol{x}|$$

であるから，定理 4.6 より，条件 (2) が成り立つための必要十分条件は $\boldsymbol{A}$ が直交行列であることである．(証明終)

最後に，相似変換の定義も述べておこう．

定義 4.13 (相似変換) n 次元ユークリッド空間 $\mathbf{R}^n$ のアフィン変換 f で，n 次直交行列 $\boldsymbol{A}$ と実数 $s > 0$，および n 次元ベクトル $\boldsymbol{b}$ を用いて，

$$f(\boldsymbol{x}) = s\boldsymbol{Ax} + \boldsymbol{b} \qquad (\boldsymbol{x} \in \mathbf{R}^n)$$

と表されるものを，n 次元相似変換 (similarity transformation) とよぶ．n 次元相似変換の全体を n 次元相似変換群とよぶ．

相似変換の合成，恒等変換，相似変換の逆変換がまた相似変換になることは，容易に確かめられる．

4.2.3 ユークリッド平面の合同変換

ユークリッド平面 $\mathbf{R}^2$ の合同変換について考えてみよう．まず，いくつか典型的な合同変換を挙げる．

- ベクトル $\boldsymbol{b} \in \mathbf{R}^2$ による平行移動

$$\tau_{\boldsymbol{b}} : \mathbf{R}^2 \longrightarrow \mathbf{R}^2, \qquad \tau_{\boldsymbol{b}}(\boldsymbol{x}) = \boldsymbol{x} + \boldsymbol{b}$$

- 原点を中心とする角 θ の回転

$$\rho_\theta : \mathbf{R}^2 \longrightarrow \mathbf{R}^2, \qquad \rho_\theta(\boldsymbol{x}) = \boldsymbol{R}_\theta \boldsymbol{x}$$

- 原点を通り x 軸と角 φ をなす直線に関する線対称変換

$$\sigma_\varphi : \mathbf{R}^2 \longrightarrow \mathbf{R}^2, \qquad \sigma_\varphi(\boldsymbol{x}) = \boldsymbol{S}_\varphi \boldsymbol{x}$$

一般の合同変換は，次のように分類される．

命題 4.14 ユークリッド平面の合同変換 $f : \mathbf{R}^2 \to \mathbf{R}^2$ は，次のいずれかである．

(a) 平行移動 $\tau_{\boldsymbol{b}}$ ($\boldsymbol{b} \in \mathbf{R}^2$).

(b) ある点 $\boldsymbol{p} \in \mathbf{R}^2$ のまわりの角 θ ($0 < \theta < 2\pi$) の回転 $\rho_{\theta,\boldsymbol{p}}$.

(c) ある直線 L に関する線対称変換と，L に平行なベクトル $\boldsymbol{v}$ による平行移動との合成 $\sigma_{L,\boldsymbol{v}}$. これをグライド反転 (glide reflection) とよぶ．

証明 一般の合同変換 $f : \mathbf{R}^2 \to \mathbf{R}^2$ は，直交行列 $\boldsymbol{A} \in O(2)$ と列ベクトル $\boldsymbol{b} \in \mathbf{R}^2$ を用いて

$$f(\boldsymbol{x}) = \boldsymbol{A}\boldsymbol{x} + \boldsymbol{b} \qquad (\boldsymbol{x} \in \mathbf{R}^2)$$

と表されるが，例 4.8 によって，(1) $\boldsymbol{A} = \boldsymbol{R}_\theta$，(2) $\boldsymbol{A} = \boldsymbol{S}_\varphi$ の 2 つの場合が

ある．

(1a) $\boldsymbol{A} = \boldsymbol{R}_0 = \mathbf{1}$ の場合．このとき，$f = \tau_{\boldsymbol{b}}$ は平行移動である．

(1b) $\boldsymbol{A} = \boldsymbol{R}_\theta$ $(0 < \theta < 2\pi)$ の場合．点 $\boldsymbol{p} \in \mathbf{R}^2$ のまわりの θ 回転

$$\rho_{\theta,\boldsymbol{p}} : \mathbf{R}^2 \longrightarrow \mathbf{R}^2$$

は，$\boldsymbol{x} \in \mathbf{R}^2$ に対して，

$$\begin{aligned}\rho_{\theta,\boldsymbol{p}}(\boldsymbol{x}) &= \tau_{\boldsymbol{p}} \circ \rho_\theta \circ \tau_{-\boldsymbol{p}}(\boldsymbol{x}) \\ &= \boldsymbol{R}_\theta(\boldsymbol{x} - \boldsymbol{p}) + \boldsymbol{p} \\ &= \boldsymbol{R}_\theta \boldsymbol{x} + (\mathbf{1} - \boldsymbol{R}_\theta)\boldsymbol{p}\end{aligned}$$

と表せるから，このタイプの合同変換であるが，実は，タイプ (1b) の合同変換はすべて，ある点 $\boldsymbol{p}$ のまわりの θ 回転になる．実際，$0 < \theta < 2\pi$ のとき $\cos\theta \neq 1$ だから，

$$\det(\mathbf{1} - \boldsymbol{R}_\theta) = (1 - \cos\theta)^2 + \sin^2\theta > 0$$

であって $\mathbf{1} - \boldsymbol{R}_\theta$ は正則行列である．したがって，任意の $\boldsymbol{b} \in \mathbf{R}^2$ に対して

$$(\mathbf{1} - \boldsymbol{R}_\theta)\boldsymbol{p} = \boldsymbol{b}$$

となる $\boldsymbol{p} \in \mathbf{R}^2$ が存在するが，このとき，

$$\begin{aligned}f(\boldsymbol{x}) &= \boldsymbol{R}_\theta \boldsymbol{x} + \boldsymbol{b} \\ &= \boldsymbol{R}_\theta \boldsymbol{x} + (\mathbf{1} - \boldsymbol{R}_\theta)\boldsymbol{p} \\ &= \rho_{\theta,\boldsymbol{p}}(\boldsymbol{x})\end{aligned}$$

となる．

(2) $\boldsymbol{A} = \boldsymbol{S}_\varphi$ $(0 \leq \varphi < \pi)$ の場合．

$$\boldsymbol{u}_1 = \begin{pmatrix} \cos\varphi \\ \sin\varphi \end{pmatrix}, \qquad \boldsymbol{u}_2 = \begin{pmatrix} -\sin\varphi \\ \cos\varphi \end{pmatrix}$$

とおけば，これらは $\mathbf{R}^2$ の基底であって，$\boldsymbol{b}$ を $\boldsymbol{u}_1, \boldsymbol{u}_2$ によって

$$\boldsymbol{b} = b_1 \boldsymbol{u}_1 + b_2 \boldsymbol{u}_2$$

と表すことができる．(基底については 5.1 節で詳しく述べる．)

$$\boldsymbol{v} = b_1\boldsymbol{u}_1, \qquad \boldsymbol{w} = \frac{b_2}{2}\boldsymbol{u}_2$$

とおき，点 $\boldsymbol{w}$ を通り $\boldsymbol{v}$ に平行な直線を L とする．このとき，$\boldsymbol{S}_\varphi\boldsymbol{w} = -\boldsymbol{w}$ に注意すれば，L に関する線対称変換 σ_L は，

$$\begin{aligned}\sigma_L(\boldsymbol{x}) &= \tau_{\boldsymbol{w}} \circ \sigma_\varphi \circ \tau_{-\boldsymbol{w}}(\boldsymbol{x}) \\ &= \boldsymbol{S}_\varphi(\boldsymbol{x} - \boldsymbol{w}) + \boldsymbol{w} \\ &= \boldsymbol{S}_\varphi\boldsymbol{x} + 2\boldsymbol{w}\end{aligned}$$

であるから，

$$\begin{aligned}f(\boldsymbol{x}) &= \boldsymbol{S}_\varphi\boldsymbol{x} + \boldsymbol{b} \\ &= (\boldsymbol{S}_\varphi\boldsymbol{x} + 2\boldsymbol{w}) + \boldsymbol{v} \\ &= \tau_{\boldsymbol{v}} \circ \sigma_L(\boldsymbol{x})\end{aligned}$$

となる．(証明終)

4.3 行列式の幾何学的意味と外積

4.3.1 2次行列式の幾何学的意味

2次正方行列 $\boldsymbol{A}$ の列を $\boldsymbol{u}, \boldsymbol{v} \in \mathbf{R}^2$ とし，

$$\boldsymbol{A} = (\boldsymbol{u}, \boldsymbol{v}) = \begin{pmatrix} u_1 & v_1 \\ u_2 & v_2 \end{pmatrix}$$

と書くとき，$\boldsymbol{A}$ の行列式は例 3.8 で述べたように，

$$\det \boldsymbol{A} = \det(\boldsymbol{u}, \boldsymbol{v}) = u_1v_2 - u_2v_1 \tag{4.8}$$

となる．この行列式の値はベクトル $\boldsymbol{u}, \boldsymbol{v}$ に対して幾何学的に次のような意味をもつ．

定理 4.15 $\det(\boldsymbol{u}, \boldsymbol{v})$ の絶対値は，$\boldsymbol{u}, \boldsymbol{v}$ を2辺とする平行四辺形の面積に等しい．

$\det(\boldsymbol{u}, \boldsymbol{v})$ の符号は，$\boldsymbol{u}$ から $\boldsymbol{v}$ への回転の向きが反時計回り ($\boldsymbol{e}_1$ から $\boldsymbol{e}_2$ への回転の向き) のとき正，時計回りのとき負になる．

証明　(4.8) の両辺を 2 乗すれば，

$$
\begin{aligned}
(\det(\boldsymbol{u},\boldsymbol{v}))^2 &= (u_1v_2-u_2v_1)^2 \\
&= u_1^2v_2^2-2u_1v_1u_2v_2+u_2^2v_1^2 \qquad (4.9)
\end{aligned}
$$

を得る．一方，$\boldsymbol{u},\boldsymbol{v}$ を 2 辺とする平行四辺形の面積の 2 乗は，$\boldsymbol{u},\boldsymbol{v}$ のなす角を θ とするとき，

$$
\begin{aligned}
(|\boldsymbol{u}|\,|\boldsymbol{v}|\sin\theta)^2 &= |\boldsymbol{u}|^2|\boldsymbol{v}|^2(1-\cos^2\theta) \\
&= |\boldsymbol{u}|^2|\boldsymbol{v}|^2-(\boldsymbol{u}\cdot\boldsymbol{v})^2 \\
&= (u_1^2+u_2^2)(v_1^2+v_2^2)-(u_1v_1+u_2v_2)^2 \\
&= u_1^2v_2^2-2u_1v_1u_2v_2+u_2^2v_1^2
\end{aligned}
$$

であって (4.9) に等しいから，$|\det(\boldsymbol{u},\boldsymbol{v})|$ は $\boldsymbol{u},\boldsymbol{v}$ を 2 辺とする平行四辺形の面積に等しい．

符号については，$\boldsymbol{u}\neq\boldsymbol{0}$ として，これを固定して考えれば，$\det(\boldsymbol{u},\boldsymbol{v})$ は $\boldsymbol{v}$ の成分の 1 次式であるから連続関数であり，$\det(\boldsymbol{u},\boldsymbol{v})=0$ となるのは，$\boldsymbol{v}=c\boldsymbol{u}$ $(c\in\mathbf{R})$ となるとき，すなわち，点 $\boldsymbol{v}$ が，原点を通り $\boldsymbol{u}$ に並行な直線 L 上にあるときである．よって，中間値の定理によって $\boldsymbol{v}$ が L の片側にあるときは，$\det(\boldsymbol{u},\boldsymbol{v})$ はつねに同じ符号をもつ．ここで $\boldsymbol{v}$ を，$\boldsymbol{u}$ を反時計回りに $\pi/2$ 回転させたベクトル

$$
\boldsymbol{v}=\boldsymbol{u}^{\perp}=\begin{pmatrix}-u_2\\ u_1\end{pmatrix}
$$

としてみると，

$$
\begin{aligned}
\det(\boldsymbol{u},\boldsymbol{v}) &= \det\begin{pmatrix}u_1 & -u_2\\ u_2 & u_1\end{pmatrix} \\
&= u_1^2+u_2^2 \\
&> 0
\end{aligned}
$$

となっているから，$\boldsymbol{v}$ が L の $\boldsymbol{u}^{\perp}$ 側にあるとき，$\det(\boldsymbol{u},\boldsymbol{v})$ の符号がつねに正であることがわかる．同様に，$\boldsymbol{v}$ が L の $-\boldsymbol{u}^{\perp}$ 側にあるときは，$\det(\boldsymbol{u},\boldsymbol{v})$ の符号はつねに負である．(証明終)

反時計回りが正に対応するのは，数学の習慣上基本ベクトル $\boldsymbol{e}_1$ から $\boldsymbol{e}_2$ の向きを反時計回りにとる，すなわち，座標軸を書くときに x 軸は右向きに，y 軸は上向きに書く決まりがあるからである．正確には，反時計回り・時計回りという表現ではなく，$\boldsymbol{u}$ から $\boldsymbol{v}$ への回転の向きが $\boldsymbol{e}_1$ から $\boldsymbol{e}_2$ への回転の向きと同じとき行列式の符号が正，という表現にすべきである．いずれにしても，符号は間違いやすいので，符号の正負が問題になる場合には細心の注意が必要である．

例 4.16 平面上の 3 点

$$A = \begin{pmatrix} 1 \\ 2 \end{pmatrix}, \qquad B = \begin{pmatrix} 3 \\ 4 \end{pmatrix}, \qquad C = \begin{pmatrix} 6 \\ 5 \end{pmatrix}$$

に対して $\triangle ABC$ の面積を求めよう．

$\triangle ABC$ の面積は，

$$\overrightarrow{AB} = \begin{pmatrix} 3 \\ 4 \end{pmatrix} - \begin{pmatrix} 1 \\ 2 \end{pmatrix} = \begin{pmatrix} 2 \\ 2 \end{pmatrix}$$

$$\overrightarrow{AC} = \begin{pmatrix} 6 \\ 5 \end{pmatrix} - \begin{pmatrix} 1 \\ 2 \end{pmatrix} = \begin{pmatrix} 5 \\ 3 \end{pmatrix}$$

を 2 辺とする平行四辺形の面積の半分だから，

$$\frac{1}{2}\left|\det\begin{pmatrix} 2 & 5 \\ 2 & 3 \end{pmatrix}\right| = \frac{1}{2}\,|\,2 \times 3 - 2 \times 5\,| = 2$$

である．

4.3.2 外　　積

定義 4.17 (外積) 3 次元列ベクトル

$$\boldsymbol{u} = \begin{pmatrix} u_1 \\ u_2 \\ u_3 \end{pmatrix}, \quad \boldsymbol{v} = \begin{pmatrix} v_1 \\ v_2 \\ v_3 \end{pmatrix}$$

に対し，$\boldsymbol{u}$ と $\boldsymbol{v}$ の外積 (outer product)，または，ベクトル積 (vector product) を

$$\boldsymbol{u} \times \boldsymbol{v} = \begin{pmatrix} u_2v_3 - u_3v_2 \\ u_3v_1 - u_1v_3 \\ u_1v_2 - u_2v_1 \end{pmatrix}$$

で定義する．

内積は任意の次元の $\mathbf{R}^n$ のベクトルに対して定義されたが，外積は 3 次元のみで定義される演算である．次の性質が成り立つことが計算によって確かめられる．

(1) $\boldsymbol{u} \times \boldsymbol{v} = -\boldsymbol{v} \times \boldsymbol{u}$

(2) $(\boldsymbol{u} + \boldsymbol{v}) \times \boldsymbol{w} = \boldsymbol{u} \times \boldsymbol{w} + \boldsymbol{v} \times \boldsymbol{w}$

$\boldsymbol{w} \times (\boldsymbol{u} + \boldsymbol{v}) = \boldsymbol{w} \times \boldsymbol{u} + \boldsymbol{w} \times \boldsymbol{v}$

(3) $(\lambda \boldsymbol{u}) \times \boldsymbol{v} = \boldsymbol{u} \times (\lambda \boldsymbol{v}) = \lambda(\boldsymbol{u} \times \boldsymbol{v})$

(4) $\boldsymbol{v} \times \boldsymbol{v} = \boldsymbol{0}$

これらのうち (1) や (4) は外積特有の性質であり，注意が必要である．

命題 4.18 列ベクトル $\boldsymbol{u}, \boldsymbol{v}, \boldsymbol{w} \in \mathbf{R}^3$ に対して次が成り立つ．

$$\boldsymbol{w} \cdot (\boldsymbol{u} \times \boldsymbol{v}) = \det(\boldsymbol{w}, \boldsymbol{u}, \boldsymbol{v})$$

証明 式の右辺を第 1 列について展開すれば

$$\begin{aligned} \det(\boldsymbol{w}, \boldsymbol{u}, \boldsymbol{v}) &= w_1(u_2v_3 - u_3v_2) + w_2(u_3v_1 - u_1v_3) + w_3(u_1v_2 - u_2v_1) \\ &= \boldsymbol{w} \cdot (\boldsymbol{u} \times \boldsymbol{v}) \end{aligned}$$

(証明終)

外積の幾何学的な意味は次で与えられる．

定理 4.19 $\boldsymbol{u} \times \boldsymbol{v}$ は $\boldsymbol{u}$ および $\boldsymbol{v}$ と直交し，その大きさ $|\boldsymbol{u} \times \boldsymbol{v}|$ は $\boldsymbol{u}$ と $\boldsymbol{v}$ を 2 辺とする平行四辺形の面積に等しい．

証明　命題 4.18 において $\boldsymbol{w}=\boldsymbol{u}$ とおけば，

$$\boldsymbol{u}\cdot(\boldsymbol{u}\times\boldsymbol{v})=\det(\boldsymbol{u},\boldsymbol{u},\boldsymbol{v})=0$$

となり，$\boldsymbol{u}\perp(\boldsymbol{u}\times\boldsymbol{v})$ がわかる．また $\boldsymbol{w}=\boldsymbol{v}$ とおけば，

$$\boldsymbol{v}\cdot(\boldsymbol{u}\times\boldsymbol{v})=\det(\boldsymbol{v},\boldsymbol{u},\boldsymbol{v})=0$$

だから，$\boldsymbol{v}\perp(\boldsymbol{u}\times\boldsymbol{v})$ もわかる．

外積 $\boldsymbol{u}\times\boldsymbol{v}$ の大きさについては，

$$|\boldsymbol{u}\times\boldsymbol{v}|^2=(u_2v_3-u_3v_2)^2+(u_3v_1-u_1v_3)^2+(u_1v_2-u_2v_1)^2$$

であるが，一方 $\boldsymbol{u}$ と $\boldsymbol{v}$ のなす角を θ とすれば，

$$\begin{aligned}(|\boldsymbol{u}|\,|\boldsymbol{v}|\sin\theta)^2&=|\boldsymbol{u}|^2|\boldsymbol{v}|^2(1-\cos^2\theta)\\&=|\boldsymbol{u}|^2|\boldsymbol{v}|^2-(\boldsymbol{u}\cdot\boldsymbol{v})^2\\&=(u_1^2+u_2^2+u_3^2)(v_1^2+v_2^2+v_3^2)-(u_1v_1+u_2v_2+u_3v_3)^2\end{aligned}$$

である．これら両式を展開して比較すれば等しいことが確かめられる．よって，

$$|\boldsymbol{u}\times\boldsymbol{v}|=|\boldsymbol{u}|\,|\boldsymbol{v}|\sin\theta$$

である．(証明終)

一般に，$\boldsymbol{u},\boldsymbol{v}$ と直交し，大きさが $\boldsymbol{u},\boldsymbol{v}$ を 2 辺とする平行四辺形の面積に等しいベクトルは，$\boldsymbol{u}\times\boldsymbol{v}$ と $-\boldsymbol{u}\times\boldsymbol{v}$ $(=\boldsymbol{v}\times\boldsymbol{u})$ の 2 つある．どちらが $\boldsymbol{u}\times\boldsymbol{v}$ かを知るには，次の性質を使えばよい．すなわち，基本ベクトルの組 $(\boldsymbol{e}_1,\boldsymbol{e}_2,\boldsymbol{e}_3)$ が右 (左) 手系ならばベクトルの組 $(\boldsymbol{u},\boldsymbol{v},\boldsymbol{u}\times\boldsymbol{v})$ も右 (左) 手系．

4.3.3　3 次行列式の幾何学的意味

3 次元ベクトル $\boldsymbol{u},\boldsymbol{v},\boldsymbol{w}\in\mathbf{R}^3$ を用いて 3 次正方行列を

$$\boldsymbol{A}=(\boldsymbol{u},\boldsymbol{v},\boldsymbol{w})$$

のように表すとき，その行列式

$$\det\boldsymbol{A}=\det(\boldsymbol{u},\boldsymbol{v},\boldsymbol{w})$$

の幾何学的意味は次で与えられる．

定理 4.20　列ベクトル $\boldsymbol{u}, \boldsymbol{v}, \boldsymbol{w} \in \mathbf{R}^3$ に対し，$\det(\boldsymbol{u}, \boldsymbol{v}, \boldsymbol{w})$ の絶対値は $\boldsymbol{u}, \boldsymbol{v}, \boldsymbol{w}$ を 3 辺とする平行六面体の体積に等しい．(図 4.1)

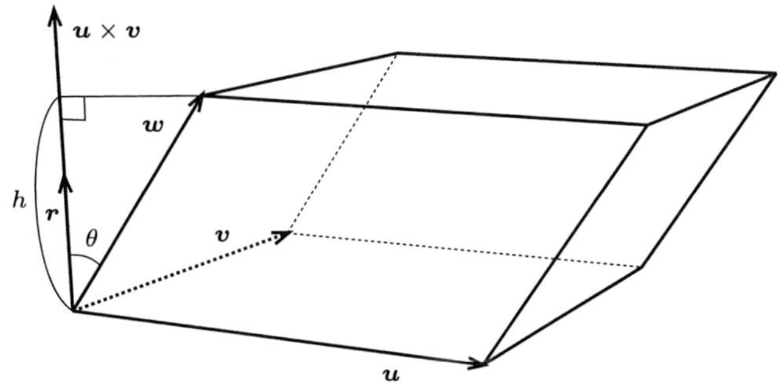

図 **4.1**　平行六面体

証明　$\boldsymbol{u}, \boldsymbol{v}$ に垂直な単位ベクトルは，

$$\boldsymbol{r} = \pm\frac{1}{|\boldsymbol{u} \times \boldsymbol{v}|}\boldsymbol{u} \times \boldsymbol{v}$$

である．$\boldsymbol{u}, \boldsymbol{v}$ を含む面を底面と考えたとき，平行六面体の高さ h は，$\boldsymbol{w}$ の $\boldsymbol{r}$ への射影の長さだから，$\boldsymbol{w}$ と $\boldsymbol{r}$ のなす角を θ として，

$$\begin{aligned} h &= |\boldsymbol{w}| \cos\theta \\ &= \boldsymbol{w} \cdot \boldsymbol{r} \\ &= \pm\frac{1}{|\boldsymbol{u} \times \boldsymbol{v}|}\boldsymbol{w} \cdot (\boldsymbol{u} \times \boldsymbol{v}) \\ &= \pm\frac{1}{|\boldsymbol{u} \times \boldsymbol{v}|}\det(\boldsymbol{w}, \boldsymbol{u}, \boldsymbol{v}) \end{aligned}$$

である．よって，

$$|\det(\boldsymbol{w}, \boldsymbol{u}, \boldsymbol{v})| = |\boldsymbol{u} \times \boldsymbol{v}|h$$

となるが，ここで $|\boldsymbol{u} \times \boldsymbol{v}|$ は平行六面体の底面積だから，この式の右辺は平行六面体の体積を表している．(証明終)

定理 4.15，定理 4.19，定理 4.20 においては，証明の流れをわかりやすくす

るために，ベクトル $\boldsymbol{u}$，$\boldsymbol{v}$ などがゼロベクトルの場合の注意書きをあえて省略した．これらを数学的に厳密にするために証明をどのように修正すればよいかを読者自ら考えてみてほしい．

4.4 ユークリッド空間の直線と平面

4.4.1 直線の方程式

$\mathbf{R}^3$ の点 R_0 とベクトル $\boldsymbol{v}\,(\neq \mathbf{0})$ が与えられたとき，R_0 を通り $\boldsymbol{v}$ に平行な直線 L を考える．L 上の任意の点を R とすると，その位置ベクトル $\boldsymbol{r}$ は

$$\boldsymbol{r} = \boldsymbol{r}_0 + t\boldsymbol{v} \qquad (t \in \mathbf{R}) \tag{4.10}$$

と書くことができる．ここで $\boldsymbol{r}_0$ は点 R_0 の位置ベクトルである．(図 4.2)

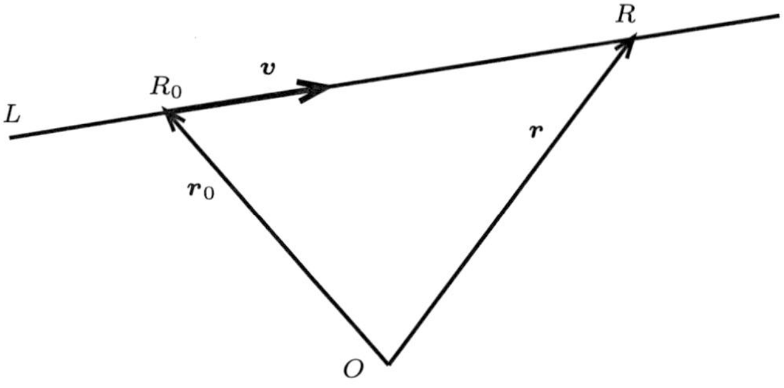

図 **4.2** 直線

$\boldsymbol{r}, \boldsymbol{r}_0, \boldsymbol{v}$ の成分を

$$\boldsymbol{r} = \begin{pmatrix} x \\ y \\ z \end{pmatrix}, \quad \boldsymbol{r}_0 = \begin{pmatrix} x_0 \\ y_0 \\ z_0 \end{pmatrix}, \quad \boldsymbol{v} = \begin{pmatrix} a \\ b \\ c \end{pmatrix}$$

とすれば，(4.10) は

$$\begin{pmatrix} x \\ y \\ z \end{pmatrix} = \begin{pmatrix} x_0 \\ y_0 \\ z_0 \end{pmatrix} + t \begin{pmatrix} a \\ b \\ c \end{pmatrix} \qquad (t \in \mathbf{R}) \tag{4.11}$$

となるが，これを直線 L のパラメータ表示 (parameterization) とよぶ．パラメータを用いないで直線 L を表すには，(4.11) を

$$\begin{cases} x = x_0 + a\,t \\ y = y_0 + b\,t \\ z = z_0 + c\,t \end{cases}$$

と書いておいて，これらからパラメータ t を消去すればよい．そのためのもっとも簡単な方法は，3 つの方程式をそれぞれ t について解き，等号でつないでしまうことである．すなわち，

$$\frac{x - x_0}{a} = \frac{y - y_0}{b} = \frac{z - z_0}{c} \ (= t) \tag{4.12}$$

となる．これがパラメータを用いない直線 L の方程式である．

ただし，(4.12) では a, b, c が 0 でないことを仮定した．a, b, c に 0 が含まれる場合，たとえば $c = 0$ のときには，方程式は，

$$\frac{x - x_0}{a} = \frac{y - y_0}{b}, \quad z = z_0 \tag{4.13}$$

のようにしなければならない．

例題 4.21 点 P とベクトル $\boldsymbol{v}$ が

$$P = \begin{pmatrix} 3 \\ 4 \\ -1 \end{pmatrix}, \qquad \boldsymbol{v} = \begin{pmatrix} 2 \\ -3 \\ 6 \end{pmatrix}$$

で与えられているとき，P を通り $\boldsymbol{v}$ に平行な直線の方程式を求めよ．

〔解〕これは基本形そのもので，パラメータ表示は

$$\begin{pmatrix} x \\ y \\ z \end{pmatrix} = \begin{pmatrix} 3 \\ 4 \\ -1 \end{pmatrix} + t \begin{pmatrix} 2 \\ -3 \\ 6 \end{pmatrix} \qquad (t \in \mathbf{R})$$

で与えられる．パラメータを消去すれば，

$$\frac{x - 3}{2} = \frac{y - 4}{-3} = \frac{z + 1}{6}$$

となる．

例題 4.22 2点

$$P = \begin{pmatrix} 1 \\ -1 \\ -5 \end{pmatrix}, \qquad Q = \begin{pmatrix} 2 \\ -3 \\ -3 \end{pmatrix}$$

を通る直線 L の方程式を求めよ．

〔解〕いつでも基本形に持ち込むのがコツである．点 P を通ることはわかっているから，L に平行なベクトルは，と考える．

$$\boldsymbol{v} = \overrightarrow{PQ} = \begin{pmatrix} 2 \\ -3 \\ -3 \end{pmatrix} - \begin{pmatrix} 1 \\ -1 \\ -5 \end{pmatrix} = \begin{pmatrix} 1 \\ -2 \\ 2 \end{pmatrix}$$

とおけば，L は点 P を通り $\boldsymbol{v}$ に平行な直線であるから，パラメータ表示は

$$\begin{pmatrix} x \\ y \\ z \end{pmatrix} = \begin{pmatrix} 1 \\ -1 \\ -5 \end{pmatrix} + t \begin{pmatrix} 1 \\ -2 \\ 2 \end{pmatrix} \qquad (t \in \mathbf{R}) \tag{4.14}$$

となる．パラメータを用いない表示は，

$$x - 1 = \frac{y+1}{-2} = \frac{z+5}{2}$$

である．

これで解は確かに求まったが，ここで P と Q の役割を入れ替えてみると，L は点 Q を通りベクトル $\overrightarrow{QP} = -\boldsymbol{v}$ に平行な直線でもあるから，

$$\begin{pmatrix} x \\ y \\ z \end{pmatrix} = \begin{pmatrix} 2 \\ -3 \\ -3 \end{pmatrix} + t \begin{pmatrix} -1 \\ 2 \\ -2 \end{pmatrix} \qquad (t \in \mathbf{R}) \tag{4.15}$$

というパラメータ表示も得られ，これは (4.14) とは一致しない．

(4.14) においては，$t = 0$ が点 P に対応し，$t = 1$ が点 Q に対応し，たとえば $t = 0.5$ は P と Q の中点に対応している．一方，(4.15) においては，$t = 0$ が点 Q に，$t = 1$ が点 P に対応する．このように，パラメータ t が $\mathbf{R}$ 上を動くとき対応する点が直線上を動くのがパラメータ表示であるが，パラメータの

とり方はいろいろあって，直線に対するパラメータ表示は一通りに決まるものではないのである．

例 4.23 方程式

$$\frac{x+1}{4} = \frac{y-2}{3} = z - 5 \tag{4.16}$$

で表される直線をパラメータ表示せよ．

〔解〕パラメータ表示からパラメータを消去した過程を思い出してみると，(4.16) の各項がパラメータそのものを表していた．よって，(4.16) の各項を $= t$ とおいて個別に解けばよい．

$$\begin{cases} x &= -1 + 4t \\ y &= 2 + 3t \\ z &= 5 + t \end{cases} \quad \text{あるいは} \quad \begin{pmatrix} x \\ y \\ z \end{pmatrix} = \begin{pmatrix} -1 \\ 2 \\ 5 \end{pmatrix} + t \begin{pmatrix} 4 \\ 3 \\ 1 \end{pmatrix}$$

4.4.2 平面の方程式

$\mathbf{R}^3$ の点 R_0 とベクトル $\boldsymbol{v}\,(\neq \mathbf{0})$ が与えられているとして，R_0 を通り $\boldsymbol{v}$ に垂直な平面 H を考える．点 R_0 の位置ベクトルを $\boldsymbol{r}_0$，任意の点 $R \in \mathbf{R}^3$ の位置ベクトルを $\boldsymbol{r}$ とするとき，点 R が平面 H 上にあるための必要十分条件は，

$$(\boldsymbol{r} - \boldsymbol{r}_0) \cdot \boldsymbol{v} = 0 \tag{4.17}$$

である．(図 4.3)

$\boldsymbol{r}, \boldsymbol{r}_0, \boldsymbol{v}$ の成分を

$$\boldsymbol{r} = \begin{pmatrix} x \\ y \\ z \end{pmatrix}, \quad \boldsymbol{r}_0 = \begin{pmatrix} x_0 \\ y_0 \\ z_0 \end{pmatrix}, \quad \boldsymbol{v} = \begin{pmatrix} a \\ b \\ c \end{pmatrix}$$

とすれば，(4.17) は

$$\begin{pmatrix} x - x_0 \\ y - y_0 \\ z - z_0 \end{pmatrix} \cdot \begin{pmatrix} a \\ b \\ c \end{pmatrix} = 0$$

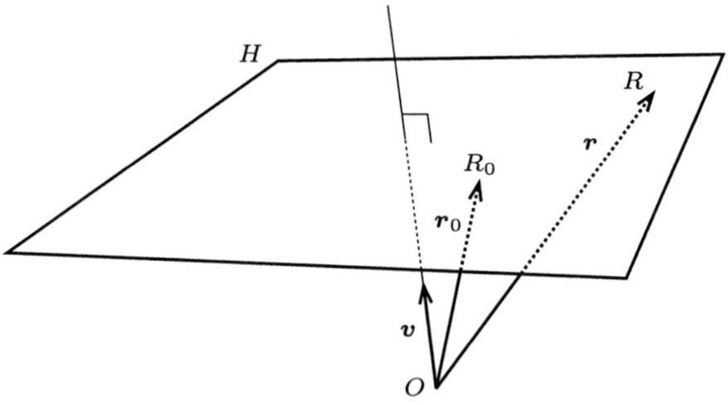

図 **4.3** 平面

すなわち，

$$a(x - x_0) + b(y - y_0) + c(z - z_0) = 0$$

となる．これが平面 H の方程式である．

例題 4.24 点 P とベクトル v が

$$P = \begin{pmatrix} 1 \\ 2 \\ 3 \end{pmatrix}, \qquad \boldsymbol{v} = \begin{pmatrix} 4 \\ 5 \\ 6 \end{pmatrix}$$

で与えられているとき，P を通り $\boldsymbol{v}$ に垂直な平面の方程式を求めよ．

〔解〕これは基本形そのものである．求める方程式は

$$\begin{pmatrix} x-1 \\ y-2 \\ z-3 \end{pmatrix} \cdot \begin{pmatrix} 4 \\ 5 \\ 6 \end{pmatrix} = 0,$$

すなわち

$$4(x-1) + 5(y-2) + 6(z-3) = 0,$$

あるいは展開して整理して，

$$4x + 5y + 6z = 32$$

となる．

例題 4.25 空間内の 3 点

$$A = \begin{pmatrix} 0 \\ 0 \\ 1 \end{pmatrix}, \quad B = \begin{pmatrix} 1 \\ 1 \\ 1 \end{pmatrix}, \quad C = \begin{pmatrix} 2 \\ 3 \\ 4 \end{pmatrix}$$

を通る平面の方程式を求めよ.

〔解〕この平面に垂直なベクトルとして,

$$\boldsymbol{v} = \overrightarrow{AB} \times \overrightarrow{AC} = \begin{pmatrix} 1 \\ 1 \\ 0 \end{pmatrix} \times \begin{pmatrix} 2 \\ 3 \\ 3 \end{pmatrix} = \begin{pmatrix} 3 \\ -3 \\ 1 \end{pmatrix}$$

をとることができる. 点 A を通り $\boldsymbol{v}$ に垂直な平面の方程式は

$$\begin{pmatrix} x-0 \\ y-0 \\ z-1 \end{pmatrix} \cdot \begin{pmatrix} 3 \\ -3 \\ 1 \end{pmatrix} = 0,$$

すなわち,

$$3x - 3y + z - 1 = 0$$

である.

4.4.3 応 用

例題 4.26 (点と平面の距離) 空間内の点

$$P = \begin{pmatrix} -2 \\ -2 \\ 0 \end{pmatrix}$$

と平面

$$(H) : 2x + y + 3z = 3$$

の間の距離を求めよ.

〔解〕まず, 平面 H はベクトル

$$\boldsymbol{v} = \begin{pmatrix} 2 \\ 1 \\ 3 \end{pmatrix}$$

に垂直であることに注意する．

点 P から平面 H に下ろした垂線の足を Q とする．また，平面上の任意の点を一つ選び R とする．(図 4.4) たとえば

$$R = \begin{pmatrix} 0 \\ 0 \\ 1 \end{pmatrix}$$

としよう．このとき，$\overrightarrow{PR}$ と $\boldsymbol{v}$ のなす角を θ とすれば，求める距離は

$$\begin{aligned} \overline{PQ} &= \overline{PR}\cos\theta \\ &= \frac{\overrightarrow{PR} \cdot \boldsymbol{v}}{|\boldsymbol{v}|} \\ &= \frac{1}{\sqrt{2^2+1^2+3^2}} \begin{pmatrix} 2 \\ 2 \\ 1 \end{pmatrix} \cdot \begin{pmatrix} 2 \\ 1 \\ 3 \end{pmatrix} \\ &= \frac{9}{\sqrt{14}} \end{aligned}$$

である．

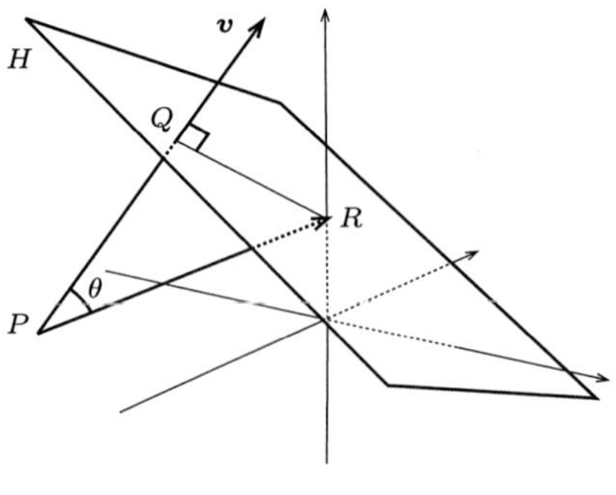

図 **4.4** 点 P から平面 H への距離

例題 4.27 (2 平面の交叉角)　空間内の 2 つの平面

$$(H_1) : x + y + 2z = 4 \tag{4.18}$$

$$(H_2) : 3x + 8y + 5z = 7 \tag{4.19}$$

の交叉角を求めよ．

〔解〕一般に 2 平面の交叉角を求めるには，それぞれの平面に垂直なベクトルどうしのなす角を求めればよい．(図 4.5)

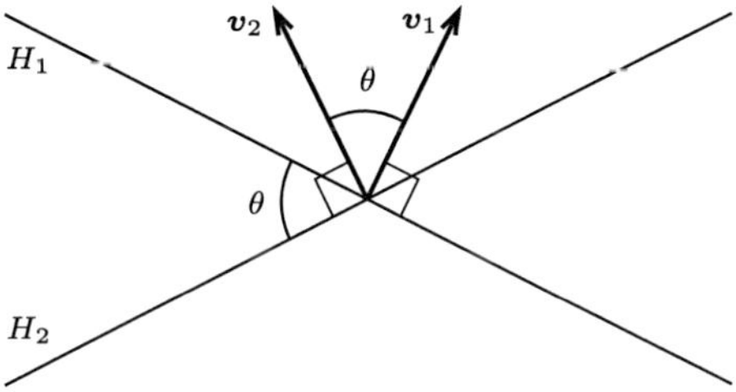

図 4.5　2 平面の交叉角

平面 H_1, H_2 に垂直なベクトルとしては，方程式の係数を取り出した

$$\boldsymbol{v}_1 = \begin{pmatrix} 1 \\ 1 \\ 2 \end{pmatrix}, \quad \boldsymbol{v}_2 = \begin{pmatrix} 3 \\ 8 \\ 5 \end{pmatrix}$$

を利用できる．交叉角を θ とすると，

$$\begin{aligned} \cos\theta &= \frac{\boldsymbol{v}_1 \cdot \boldsymbol{v}_2}{|\boldsymbol{v}_1|\,|\boldsymbol{v}_2|} \\ &= \frac{1 \times 3 + 1 \times 8 + 2 \times 5}{\sqrt{1^2 + 1^2 + 2^2}\sqrt{3^2 + 8^2 + 5^2}} \\ &= \frac{\sqrt{3}}{2} \end{aligned}$$

であるから $\theta = \pi/6$.

例題 4.28 (点と直線の距離)　空間内の点 P と直線 L が

$$P = \begin{pmatrix} 2 \\ 5 \\ 1 \end{pmatrix} \qquad (L): \begin{pmatrix} x \\ y \\ z \end{pmatrix} = \begin{pmatrix} 3 \\ 4 \\ -1 \end{pmatrix} + t \begin{pmatrix} 2 \\ -3 \\ 6 \end{pmatrix} \qquad (t \in \mathbf{R})$$

で与えられているとき，それらの間の距離を求めよ．

〔解〕点 P から直線 L に下ろした垂線の足を Q とする．

$$R_0 = \begin{pmatrix} 3 \\ 4 \\ -1 \end{pmatrix}, \qquad \boldsymbol{v} = \begin{pmatrix} 2 \\ -3 \\ 6 \end{pmatrix}$$

とおき，$\overrightarrow{R_0P}$ と $\boldsymbol{v}$ のなす角を θ とすると，求める距離は

$$\overline{PQ} = \overline{R_0P} \sin\theta = \frac{|\overrightarrow{R_0P} \times \boldsymbol{v}|}{|\boldsymbol{v}|}$$

で与えられる．(図 4.6)

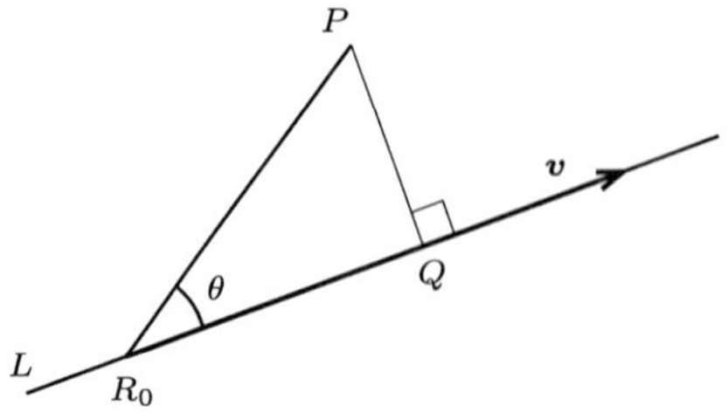

図 4.6　点 P と直線 L の距離

$$\overrightarrow{R_0P} = \begin{pmatrix} 2 \\ 5 \\ 1 \end{pmatrix} - \begin{pmatrix} 3 \\ 4 \\ -1 \end{pmatrix} = \begin{pmatrix} -1 \\ 1 \\ 2 \end{pmatrix}$$

$$\overrightarrow{R_0P} \times \boldsymbol{v} = \begin{pmatrix} -1 \\ 1 \\ 2 \end{pmatrix} \times \begin{pmatrix} 2 \\ -3 \\ 6 \end{pmatrix} = \begin{pmatrix} 12 \\ 10 \\ 1 \end{pmatrix}$$

$$|\overrightarrow{R_0P} \times \boldsymbol{v}| = \sqrt{12^2 + 10^2 + 1^2} = 7\sqrt{5}$$

$$|\boldsymbol{v}| = \sqrt{2^2 + (-3)^2 + 6^2} = 7$$

したがって

$$\overline{PQ} = \frac{7\sqrt{5}}{7} = \sqrt{5}$$

である．

演 習 問 題

4.1 空間内の 3 点 A, B, C が次で与えられている．

$$A = \begin{pmatrix} 1 \\ 1 \\ 2 \end{pmatrix}, \quad B = \begin{pmatrix} 3 \\ 4 \\ 8 \end{pmatrix}, \quad C = \begin{pmatrix} 9 \\ 6 \\ 5 \end{pmatrix}$$

(1) A, B 間の距離を求めよ．

(2) 直線 AB の方程式を求めよ．

(3) 角 $\angle BAC$ を求めよ．

(4) 三角形 $\triangle ABC$ の面積を求めよ．

(5) 3 点 A, B, C を通る平面の方程式を求めよ．

4.2 次の行列

$$\boldsymbol{A} = (\boldsymbol{a}_1, \boldsymbol{a}_2, \boldsymbol{a}_3) = \begin{pmatrix} \frac{2}{3} & -\frac{2}{3} & a \\ \frac{2}{3} & \frac{1}{3} & b \\ \frac{1}{3} & \frac{2}{3} & c \end{pmatrix}, \quad \boldsymbol{B} = \begin{pmatrix} \frac{1}{2} & \frac{1}{2} & \frac{1}{2} & d \\ \frac{1}{2} & \frac{1}{2} & -\frac{1}{2} & e \\ \frac{1}{2} & -\frac{1}{2} & \frac{1}{2} & f \\ \frac{1}{2} & -\frac{1}{2} & -\frac{1}{2} & g \end{pmatrix}$$

に対して，(1) $\boldsymbol{a}_1, \boldsymbol{a}_2$ の大きさを求めよ． (2) $\boldsymbol{a}_1$ と $\boldsymbol{a}_2$ は直交することを示せ． (3) $\boldsymbol{a}_1 \times \boldsymbol{a}_2$ を求めよ． (4) $\boldsymbol{A}$ が直交行列となるような a, b, c の値を求めよ． (5) $\boldsymbol{B}$ が直交行列となるような d, e, f, g の値を求めよ．

4.3 平面上の 3 点

$$A = \begin{pmatrix} a_1 \\ a_2 \end{pmatrix}, \quad B = \begin{pmatrix} b_1 \\ b_2 \end{pmatrix}, \quad C = \begin{pmatrix} c_1 \\ c_2 \end{pmatrix}$$

に対して，$\triangle ABC$ の面積を求めよ．

4.4 正の実数 a, b, c が与えられているとする．このとき，空間内の 3 点

$$A = \begin{pmatrix} a \\ 0 \\ 0 \end{pmatrix}, \quad B = \begin{pmatrix} 0 \\ b \\ 0 \end{pmatrix}, \quad C = \begin{pmatrix} 0 \\ 0 \\ c \end{pmatrix}$$

に対して，(1) $\triangle ABC$ の面積を求めよ． (2) 原点 O から点 A, B, C を通る平面までの距離を求めよ．

4.5 空間内の 2 平面 H_1, H_2 が

$$H_1 : x + y + 4z = 1 \qquad H_2 : 2x + 5y + 5z = 2$$

で与えられているとき，

(1) H_1 と H_2 の交わりのなす直線の方程式を求めよ．

(2) H_1 と H_2 の交わりの角度を求めよ．

4.6 空間内の直線 L と平面 H が次のように与えられている．

$$L : \begin{pmatrix} x \\ y \\ z \end{pmatrix} = \begin{pmatrix} 4 \\ 0 \\ 0 \end{pmatrix} + t \begin{pmatrix} 1 \\ -2 \\ 3 \end{pmatrix} \qquad (t \in \mathbf{R})$$

$$H : 2x + 3y - z = 1$$

(1) 直線 L と平面 H の交点を求めよ．

(2) 直線 L と平面 H のなす角を求めよ．

4.7 空間内の 2 直線

$$L_1 : \begin{pmatrix} x \\ y \\ z \end{pmatrix} = \begin{pmatrix} 1 \\ 1 \\ 1 \end{pmatrix} + s \begin{pmatrix} 0 \\ 1 \\ 1 \end{pmatrix} \qquad (s \in \mathbf{R})$$

$$L_2 : \begin{pmatrix} x \\ y \\ z \end{pmatrix} = \begin{pmatrix} 2 \\ 3 \\ 4 \end{pmatrix} + t \begin{pmatrix} 1 \\ 2 \\ 0 \end{pmatrix} \qquad (t \in \mathbf{R})$$

間の距離を求めよ．

4.8 空間内の点 P と平面 H が

$$P = \begin{pmatrix} x_0 \\ y_0 \\ z_0 \end{pmatrix} \qquad H : ax + by + cz + d = 0$$

で与えられているとき，点 P から平面 H への距離を求めよ．

第5章

ベクトル空間と線形写像の一般論

CHAPTER 5

5.1 ベクトル空間

5.1.1 ベクトル空間と部分空間

定義 5.1 (ベクトル空間) 集合 $\boldsymbol{V}$ において加法とよばれる演算

$$\boldsymbol{V} \times \boldsymbol{V} \longrightarrow \boldsymbol{V}, \qquad (\boldsymbol{u}, \boldsymbol{v}) \mapsto \boldsymbol{u} + \boldsymbol{v}$$

とスカラー倍とよばれる演算

$$\mathbf{R} \times \boldsymbol{V} \longrightarrow \boldsymbol{V}, \qquad (\lambda, \boldsymbol{v}) \mapsto \lambda \boldsymbol{v}$$

が定まっていて，次の条件 (i)～(viii) が成り立つならば，$\boldsymbol{V}$ はベクトル空間 (vector space)，または，線形空間であるという.

(i) $(\boldsymbol{u}+\boldsymbol{v})+\boldsymbol{w} = \boldsymbol{u}+(\boldsymbol{v}+\boldsymbol{w}) \qquad (\boldsymbol{u}, \boldsymbol{v}, \boldsymbol{w} \in \boldsymbol{V})$

(ii) 元 $\mathbf{0} \in \boldsymbol{V}$ が存在し，任意の $\boldsymbol{v} \in \boldsymbol{V}$ に対して $\boldsymbol{v}+\mathbf{0} = \mathbf{0}+\boldsymbol{v} = \boldsymbol{v}$ を満たす.

(iii) 任意の $\boldsymbol{v} \in \boldsymbol{V}$ に対して元 $-\boldsymbol{v} \in \boldsymbol{V}$ が存在し，$\boldsymbol{v}+(-\boldsymbol{v}) = (-\boldsymbol{v})+\boldsymbol{v} = \mathbf{0}$ を満たす.

(iv) $\boldsymbol{u}+\boldsymbol{v} = \boldsymbol{v}+\boldsymbol{u} \qquad (\boldsymbol{u}, \boldsymbol{v} \in \boldsymbol{V})$

(v) $\lambda(\boldsymbol{u}+\boldsymbol{v}) = \lambda\boldsymbol{u}+\lambda\boldsymbol{v} \qquad (\lambda \in \mathbf{R},\ \boldsymbol{u}, \boldsymbol{v} \in \boldsymbol{V})$

(vi) $(\lambda\mu)\boldsymbol{v} = \lambda(\mu\boldsymbol{v}) \qquad (\lambda, \mu \in \mathbf{R},\ \boldsymbol{v} \in \boldsymbol{V})$

(vii) $(\lambda+\mu)\boldsymbol{v} = \lambda\boldsymbol{v}+\mu\boldsymbol{v} \qquad (\lambda, \mu \in \mathbf{R},\ \boldsymbol{v} \in \boldsymbol{V})$

(viii) $1\boldsymbol{v} = \boldsymbol{v} \qquad (\boldsymbol{v} \in \boldsymbol{V})$

ベクトル空間の元をベクトル (vector) とよぶ.

上の定義において，(i)〜(iv) は加法のみに関する性質であるがこれらをまとめて，$\boldsymbol{V}$ は加法に関して可換群である，と表現する．(i) は加法に関する結合法則，(ii) は加法に関する単位元 (ゼロ元とよぶ) の存在，(iii) は逆元の存在を表し，この 3 つを満たすものを群とよぶのであった．さらに (iv) の交換法則を満たす場合には可換群というのである．

(ii) におけるゼロ元 $\mathbf{0}$ はただ一つに決まる．なぜなら，$\mathbf{0}', \mathbf{0}''$ をともに $\boldsymbol{V}$ のゼロ元とすれば，$\mathbf{0}'$ がゼロ元であることから

$$\mathbf{0}' + \mathbf{0}'' = \mathbf{0}''$$

となり，$\mathbf{0}''$ がゼロ元であることから

$$\mathbf{0}' + \mathbf{0}'' = \mathbf{0}'$$

となるので，$\mathbf{0}' = \mathbf{0}''$ でなければならないからである．また (iii) において，$\boldsymbol{v}$ の加法に関する逆元 $-\boldsymbol{v}$ も一意的に決まる．実際，$\boldsymbol{v}', \boldsymbol{v}''$ をともに $\boldsymbol{v}$ の逆元とすると

$$\boldsymbol{v}' = \boldsymbol{v}' + \mathbf{0} = \boldsymbol{v}' + (\boldsymbol{v} + \boldsymbol{v}'') = (\boldsymbol{v}' + \boldsymbol{v}) + \boldsymbol{v}'' = \mathbf{0} + \boldsymbol{v}'' = \boldsymbol{v}''$$

でなければならない．

補題 5.2 ベクトル $\boldsymbol{z} \in \boldsymbol{V}$ が，あるベクトル $\boldsymbol{v}$ に対して

$$\boldsymbol{v} + \boldsymbol{z} = \boldsymbol{v}$$

を満たしていれば，$\boldsymbol{z} = \mathbf{0}$ である．

証明 与式の両辺に $-\boldsymbol{v}$ を加えれば，左辺は

$$(-\boldsymbol{v}) + (\boldsymbol{z} + \boldsymbol{v}) = ((-\boldsymbol{v}) + \boldsymbol{v}) + \boldsymbol{z} = \mathbf{0} + \boldsymbol{z} = \boldsymbol{z}$$

となり，右辺は $\mathbf{0}$ になる．(証明終)

命題 5.3 次が成り立つ．

(1) $\lambda\mathbf{0} = \mathbf{0} \qquad (\lambda \in \mathbf{R})$

(2) $0\boldsymbol{v} = \mathbf{0} \qquad (\boldsymbol{v} \in \boldsymbol{V})$

(3) $\lambda \boldsymbol{v} = \boldsymbol{0}$ ならば，$\lambda = 0$ または $\boldsymbol{v} = \boldsymbol{0}$.

証明 ベクトル空間の性質 (v) より，

$$\lambda\mathbf{0} + \lambda\mathbf{0} = \lambda(\mathbf{0} + \mathbf{0}) = \lambda\mathbf{0}$$

であるから，補題 5.2 により $\lambda\mathbf{0} = \mathbf{0}$ となって (1) が成り立つ．また，ベクトル空間の性質 (vii) より

$$0\boldsymbol{v} + 0\boldsymbol{v} = (0+0)\boldsymbol{v} = 0\boldsymbol{v}$$

で，これに補題 5.2 を適用すれば $0\boldsymbol{v} = \mathbf{0}$ となり，(2) が成り立つ．

最後に，

$$\lambda\boldsymbol{v} = \mathbf{0} \tag{5.1}$$

かつ $\lambda \neq 0$ と仮定しよう．このとき，(5.1) の両辺に $1/\lambda$ をかけて (1) を適用すれば，

$$\boldsymbol{v} = \frac{1}{\lambda}(\lambda\boldsymbol{v}) = \frac{1}{\lambda}\mathbf{0} = \mathbf{0}$$

となって (3) がわかる．(証明終)

命題 5.3(2) より，

$$\lambda\boldsymbol{v} + (-\lambda)\boldsymbol{v} = (\lambda + (-\lambda))\boldsymbol{v} = 0\boldsymbol{v} = \mathbf{0}$$

であるから，$\lambda\boldsymbol{v}$ の加法に関する逆元は $-\lambda\boldsymbol{v}$ であり，とくに，

$$(-1)\boldsymbol{v} = -\boldsymbol{v}$$

が成り立つ．このことと結合法則，交換法則を用いると，たとえば等式左辺の $\lambda\boldsymbol{v}$ を $-\lambda\boldsymbol{v}$ に変えて右辺に移すといった移項を自由に行ってよいことがわかる．

定義 5.4 (部分空間) ベクトル空間 $\boldsymbol{V}$ の空でない部分集合 $\boldsymbol{V}'$ が加法とスカラー倍に関して閉じているとき，すなわち，

(I) $\boldsymbol{u}, \boldsymbol{v} \in \boldsymbol{V}' \Longrightarrow \boldsymbol{u} + \boldsymbol{v} \in \boldsymbol{V}'$

(II) $\lambda \in \mathbf{R},\ \boldsymbol{v} \in \boldsymbol{V}' \Longrightarrow \lambda\boldsymbol{v} \in \boldsymbol{V}'$

が成り立つとき，$\boldsymbol{V}'$ は $\boldsymbol{V}$ の部分空間 (subspace)，あるいは，部分ベクトル空間であるという．

条件 (I),(II) は，つまり，$\boldsymbol{V}$ における加法とスカラー倍が $\boldsymbol{V}'$ においても演算になっていることを意味する．この $\boldsymbol{V}'$ に制限された加法とスカラー倍に関して，$\boldsymbol{V}'$ はベクトル空間になる．実際，ベクトル空間の性質のうち (i) および (iv)〜(viii) は，$\boldsymbol{V}$ 全体で成り立っているのだから，当然 $\boldsymbol{V}'$ に制限しても成り立つ．$\boldsymbol{V}'$ は空集合ではないので $\boldsymbol{v} \in \boldsymbol{V}'$ とすると，(II) より $0\boldsymbol{v} = \boldsymbol{0} \in \boldsymbol{V}'$ である．よって $\boldsymbol{V}'$ は性質 (ii) も満たす．また，任意の $\boldsymbol{v} \in \boldsymbol{V}'$ に対して，(II) より $(-1)\boldsymbol{v} = -\boldsymbol{v} \in \boldsymbol{V}'$ であるから，性質 (iii) も成り立つ．

定義より，$\boldsymbol{V}$ 自体は $\boldsymbol{V}$ の部分空間である．$\boldsymbol{V}$ のゼロベクトル $\boldsymbol{0}$ のみからなる集合 $\{\boldsymbol{0}\}$ も $\boldsymbol{V}$ の部分空間であり，ゼロベクトル空間とよばれる．

5.1.2 ベクトル空間の例

ベクトル空間の例を挙げよう．

例 5.5 $m \times n$ 行列の全体は，行列の和とスカラー倍に関してベクトル空間である．

例 5.6 上の特別な場合として，n 次元列ベクトル空間 $\mathbf{R}^n$ は和とスカラー倍に関してベクトル空間である．

$\mathbf{R}^n$ はもっとも典型的なベクトル空間の例である．もしもベクトル空間の例がこれだけであれば，ベクトル空間などという抽象的な概念は必要ない．

例 5.7 (斉次 1 次方程式の解空間)　$\boldsymbol{A}$ を $m \times n$ 行列とする．このとき，

$$\boldsymbol{A}\boldsymbol{v} = \boldsymbol{0} \tag{5.2}$$

を満たす n 次元列ベクトル $\boldsymbol{v} \in \mathbf{R}^n$ の全体はベクトル空間である．これを (5.2) の解空間，あるいは，行列 $\boldsymbol{A}$ の核とよび，$\mathrm{Ker}\,\boldsymbol{A}$ で表す．

実際，$\boldsymbol{u}, \boldsymbol{v} \in \mathrm{Ker}\,\boldsymbol{A}$ とすれば，

$$\boldsymbol{A}\boldsymbol{u} = \boldsymbol{0}, \qquad \boldsymbol{A}\boldsymbol{v} = \boldsymbol{0}$$

であるから,

$$\boldsymbol{A}(\boldsymbol{u}+\boldsymbol{v}) = \boldsymbol{A}\boldsymbol{u}+\boldsymbol{A}\boldsymbol{v} = \boldsymbol{0}+\boldsymbol{0} = \boldsymbol{0}$$

となり, $\boldsymbol{u}+\boldsymbol{v} \in \operatorname{Ker}\boldsymbol{A}$ がわかる. また $\lambda \in \mathbf{R}$ に対し,

$$\boldsymbol{A}(\lambda\boldsymbol{v}) = \lambda(\boldsymbol{A}\boldsymbol{v}) = \lambda\boldsymbol{0} = \boldsymbol{0}$$

であるから, $\lambda\boldsymbol{v} \in \operatorname{Ker}\boldsymbol{A}$ も成り立つ. すなわち集合 $\operatorname{Ker}\boldsymbol{A}$ は加法とスカラー倍について閉じている. よって, $\operatorname{Ker}\boldsymbol{A}$ は $\mathbf{R}^n$ の部分空間である.

上で, 方程式 (5.2) の右辺が $\boldsymbol{0}$ であることが本質的である. 一般に方程式は, 変数に関して d 次およびそれ以下の項のみからなるとき d 次方程式とよばれるが, とくにすべての項がちょうど d 次式の場合は, 斉次 d 次方程式とよばれる. 連立 1 次方程式は, $2x$ や $-5z$ のような 1 次項と $+3, -1/2$ などの定数項, すなわち 0 次項からなるので 1 次方程式とよばれるわけである. 上の方程式 (5.2) は斉次連立 1 次方程式であり, その解全体がベクトル空間になるということである.

さて, このようなものもベクトル空間と見なせるという意味で, もういくつか例を挙げよう.

例 5.8 変数 x に関する多項式

$$f(x) = a_0 + a_1x + \cdots + a_nx^n \quad (a_0, \ldots, a_n \in \mathbf{R})$$

の全体からなる集合を $\mathbf{R}[x]$ で表す. 多項式どうしの和や実数倍はまた多項式であり, $\mathbf{R}[x]$ はベクトル空間である. 変数 x に関する d 次以下の多項式の全体を $\mathbf{R}_{(d)}[x]$ で表せば, d 次以下の多項式どうしの和や実数倍はまた d 次以下の多項式であるから, $\mathbf{R}_{(d)}[x]$ は $\mathbf{R}[x]$ の部分空間になる.

例 5.9 $\mathbf{R}$ 上の実数値連続関数の全体を $C^0(\mathbf{R})$ で表す.

$$C^0(\mathbf{R}) = \{f : \mathbf{R} \to \mathbf{R}\ (\text{連続})\}$$

$C^0(\mathbf{R})$ は和および実数倍が定義されており, ベクトル空間となる.

また，正の整数 r に対して，$\mathbf{R}$ 上の実数値関数で r 階導関数が存在して連続であるようなものの全体を $C^r(\mathbf{R})$ で表す．このとき $C^r(\mathbf{R})$ もベクトル空間である．$\mathbf{R}$ 上無限回微分可能関数の全体 $C^\infty(\mathbf{R})$ もベクトル空間である．$r < s$ のとき，$C^s(\mathbf{R})$ は $C^r(\mathbf{R})$ の部分空間になっている．

例 5.10 複素数の集合 $\mathbf{C}$ はベクトル空間である．

例 5.8，例 5.9，例 5.10 においては，和とスカラー倍以外に乗算なども定義されているが，これらをベクトル空間と見なすというのは，つまり，乗法などの付加的な構造については忘れてただ加法とスカラー倍のみに基づいてそれらの集合を考察するということである．

5.1.3 1 次 結 合

定義 5.11 (1 次結合) ベクトル空間 $\boldsymbol{V}$ においてベクトル

$$\boldsymbol{v}_1, \ldots, \boldsymbol{v}_n \tag{5.3}$$

が与えられているとする．このとき，

$$a_1\boldsymbol{v}_1 + \cdots + a_n\boldsymbol{v}_n \qquad (a_1, \ldots, a_n \in \mathbf{R})$$

と表されるベクトルを $\boldsymbol{v}_1, \ldots, \boldsymbol{v}_n$ の 1 次結合，または，線形結合 (linear combination) とよぶ．

たとえば，$\mathbf{R}^3$ のベクトル

$$\boldsymbol{v}_1 = \begin{pmatrix} 1 \\ -1 \\ 0 \end{pmatrix}, \quad \boldsymbol{v}_2 = \begin{pmatrix} 0 \\ 1 \\ -1 \end{pmatrix}, \quad \boldsymbol{v} = \begin{pmatrix} -1 \\ 0 \\ 1 \end{pmatrix}, \quad \boldsymbol{w} = \begin{pmatrix} 1 \\ 1 \\ 1 \end{pmatrix}$$

について，$\boldsymbol{v} = (-1)\boldsymbol{v}_1 + (-1)\boldsymbol{v}_2$ であるから，$\boldsymbol{v}$ は $\boldsymbol{v}_1, \boldsymbol{v}_2$ の 1 次結合である．一方，$\boldsymbol{w}$ は $\boldsymbol{v}_1, \boldsymbol{v}_2$ の 1 次結合ではない．なぜかというと，$\boldsymbol{v}_1, \boldsymbol{v}_2$ ともに斉次 1 次方程式

$$x_1 + x_2 + x_3 = 0 \tag{5.4}$$

の解であり，したがって $\boldsymbol{v}_1, \boldsymbol{v}_2$ の 1 次結合もすべて (5.4) を満たすのに，$\boldsymbol{w}$ は

これを満たさないからである．

定義 5.12 (生成する)　ベクトル $\boldsymbol{v}_1, \ldots, \boldsymbol{v}_n \in \boldsymbol{V}$ が与えられたとき，$\boldsymbol{v}_1, \ldots,$ $\boldsymbol{v}_n$ の 1 次結合の全体を

$$\mathbf{R}\boldsymbol{v}_1 + \cdots + \mathbf{R}\boldsymbol{v}_n$$

で表す．$\boldsymbol{v}_1, \ldots, \boldsymbol{v}_n$ の 1 次結合どうしの和やスカラー倍はまた $\boldsymbol{v}_1, \ldots, \boldsymbol{v}_n$ の 1 次結合であるから $\mathbf{R}\boldsymbol{v}_1 + \cdots + \mathbf{R}\boldsymbol{v}_n$ は $\boldsymbol{V}$ の部分空間である．これをベクトル $\boldsymbol{v}_1, \ldots, \boldsymbol{v}_n$ の生成する部分空間とよぶ．

とくに，

$$\mathbf{R}\boldsymbol{v}_1 + \cdots + \mathbf{R}\boldsymbol{v}_n = \boldsymbol{V}$$

のとき，すなわち，$\boldsymbol{V}$ の任意のベクトルが $\boldsymbol{v}_1, \ldots, \boldsymbol{v}_n$ の 1 次結合となるとき，$\boldsymbol{v}_1, \ldots, \boldsymbol{v}_n$ は $\boldsymbol{V}$ を生成する (generate)，あるいは，$\boldsymbol{v}_1, \ldots, \boldsymbol{v}_n$ は $\boldsymbol{V}$ を張る (span) という．

5.1.4　1 次独立・1 次従属

定義 5.13 (1 次独立・1 次従属)　ベクトル $\boldsymbol{v}_1, \ldots, \boldsymbol{v}_n \in \boldsymbol{V}$ に対し，

$$a_1\boldsymbol{v}_1 + \cdots + a_n\boldsymbol{v}_n = \boldsymbol{0} \qquad \Longrightarrow \qquad a_1 = \cdots = a_n = 0$$

が成り立つならば，$\boldsymbol{v}_1, \ldots, \boldsymbol{v}_n$ は 1 次独立 (linearly independent) であるという．

$\boldsymbol{v}_1, \ldots, \boldsymbol{v}_n$ が 1 次独立でないとき，すなわち，すべてが 0 ではない係数 $a_1, \ldots, a_n$ によって

$$a_1\boldsymbol{v}_1 + \cdots + a_n\boldsymbol{v}_n = \boldsymbol{0}$$

と表されるとき，$\boldsymbol{v}_1, \ldots, \boldsymbol{v}_n$ は 1 次従属 (linearly dependent) であるという．

命題 5.14　$\boldsymbol{v}_1, \ldots, \boldsymbol{v}_n \in \boldsymbol{V}$ が 1 次独立のとき，$\boldsymbol{v}_1, \ldots, \boldsymbol{v}_n$ の 1 次結合の表示は一意的である．また，この逆も成り立つ．

証明　もし $\boldsymbol{v} \in \boldsymbol{V}$ が

$$
\begin{aligned}
\boldsymbol{v} &= a_1\boldsymbol{v}_1 + \cdots + a_n\boldsymbol{v}_n \\
&= b_1\boldsymbol{v}_1 + \cdots + b_n\boldsymbol{v}_n
\end{aligned}
$$

と 2 通りの仕方で 1 次結合として表示されたとすれば，移項して

$$(a_1 - b_1)\boldsymbol{v}_1 + \cdots + (a_n - b_n)\boldsymbol{v}_n = \mathbf{0}$$

となるが，$\boldsymbol{v}_1, \ldots, \boldsymbol{v}_n$ は 1 次独立なので

$$(a_1 - b_1) = \cdots = (a_n - b_n) = 0$$

となり，よって $a_1 = b_1$, …, $a_n = b_n$ でなければならない．

逆に，$\boldsymbol{v}_1, \ldots, \boldsymbol{v}_n$ の 1 次結合の表示が一意的とすれば，

$$a_1\boldsymbol{v}_1 + \cdots + a_n\boldsymbol{v}_n = \mathbf{0}$$

において $\mathbf{0}$ の 1 次結合としての表示の仕方が一通りであることから $a_1 = \cdots = a_n = 0$ となり，$\boldsymbol{v}_1, \ldots, \boldsymbol{v}_n$ は 1 次独立である．（証明終）

命題 5.15 $\boldsymbol{V}$ のベクトル $\boldsymbol{v}_1, \ldots, \boldsymbol{v}_n$ と $\boldsymbol{v}$ が与えられていて，$\boldsymbol{v}_1, \ldots, \boldsymbol{v}_n$ は 1 次独立とする．このとき，$\boldsymbol{v}_1, \ldots, \boldsymbol{v}_n, \boldsymbol{v}$ が 1 次独立となるための必要十分条件は，

$$\boldsymbol{v} \notin \mathbf{R}\boldsymbol{v}_1 + \cdots + \mathbf{R}\boldsymbol{v}_n$$

である．

証明 対偶を示す．もし $\boldsymbol{v}_1, \ldots, \boldsymbol{v}_n, \boldsymbol{v}$ が 1 次従属とすれば，

$$a_1\boldsymbol{v}_1 + \cdots + a_n\boldsymbol{v}_n + a\boldsymbol{v} = \mathbf{0}$$

となる，すべてが 0 ではないような係数 $a_1, \ldots, a_n, a$ が存在する．ここでもし $a = 0$ とすれば，$a_1\boldsymbol{v}_1 + \cdots + a_n\boldsymbol{v}_n = \mathbf{0}$ だから，$\boldsymbol{v}_1, \ldots, \boldsymbol{v}_n$ の 1 次独立性より $a_1 = \cdots = a_n = 0$ となり，すべての係数が 0 になってしまって仮定に反する．よって $a \neq 0$ である．このとき，

$$\boldsymbol{v} = (-\frac{a_1}{a})\boldsymbol{v}_1 + \cdots + (-\frac{a_n}{a})\boldsymbol{v}_n$$

のように $\boldsymbol{v}_1, \ldots, \boldsymbol{v}_n$ の 1 次結合として表示されるので $\boldsymbol{v} \in \mathbf{R}\boldsymbol{v}_1 + \cdots + \mathbf{R}\boldsymbol{v}_n$

である．

逆に $\boldsymbol{v}$ が $\boldsymbol{v}_1, \ldots, \boldsymbol{v}_n$ の1次結合で，

$$\boldsymbol{v} = a_1\boldsymbol{v}_1 + \cdots + a_n\boldsymbol{v}_n$$

とすれば，

$$a_1\boldsymbol{v} + \cdots + a_n\boldsymbol{v}_n + (-1)\boldsymbol{v} = \boldsymbol{0}$$

となるから，$\boldsymbol{v}_1, \ldots, \boldsymbol{v}_n, \boldsymbol{v}$ は1次従属である．(証明終)

5.1.5 ベクトル空間の基底

定義 5.16 (基底) ベクトル $\boldsymbol{q}_1, \ldots, \boldsymbol{q}_n \in \boldsymbol{V}$ が条件

1) $\boldsymbol{q}_1, \ldots, \boldsymbol{q}_n$ は $\boldsymbol{V}$ を生成する．

2) $\boldsymbol{q}_1, \ldots, \boldsymbol{q}_n$ は1次独立である．

を満たすとき，$\boldsymbol{q}_1, \ldots, \boldsymbol{q}_n$ は $\boldsymbol{V}$ の基底 (basis) であるという．

$\boldsymbol{q}_1, \ldots, \boldsymbol{q}_n$ が $\boldsymbol{V}$ の基底のとき，$\boldsymbol{V}$ の任意のベクトルが $\boldsymbol{q}_1, \ldots, \boldsymbol{q}_n$ の1次結合として表せて，しかも命題 5.14 よりその表示の仕方は一意的である．つまり，基底というのは，任意のベクトルを1次結合として一意的に表示できるようなベクトルの組のことである．

1次独立性と基底について直感的に理解するために，$\mathbf{R}^3$ のベクトルについて考えてみよう．まずはベクトルが一つあるとして，それを $\boldsymbol{v}_1$ $(\neq \boldsymbol{0})$ とすれば，$\boldsymbol{v}_1$ の1次結合とは $\boldsymbol{v}_1$ のスカラー倍のことである．このとき，命題 5.3(3) より

$$a_1\boldsymbol{v}_1 = \boldsymbol{0} \qquad \Longrightarrow \qquad a_1 = 0$$

が成り立つから，$\boldsymbol{v}_1$ は1次独立である．点とその位置ベクトルを同一視して考えれば，$\mathbf{R}\boldsymbol{v}_1$ は原点を通り $\boldsymbol{v}_1$ に平行な直線である．(図 5.1)

これにベクトル $\boldsymbol{v}_2$ を追加して $\boldsymbol{v}_1, \boldsymbol{v}_2$ が1次独立とするには，命題 5.15 より，直線 $\mathbf{R}\boldsymbol{v}_1$ に乗らないベクトル $\boldsymbol{v}_2$ をとればよい．$\boldsymbol{v}_1, \boldsymbol{v}_2$ が1次独立のとき，$\mathbf{R}\boldsymbol{v}_1 + \mathbf{R}\boldsymbol{v}_2$ は原点を通り $\boldsymbol{v}_1, \boldsymbol{v}_2$ を含む平面である．

さらにこの平面に含まれないベクトル $\boldsymbol{v}_3$ をとれば，$\boldsymbol{v}_1, \boldsymbol{v}_2, \boldsymbol{v}_3$ はまた1次独立になる．このとき，$\mathbf{R}\boldsymbol{v}_1 + \mathbf{R}\boldsymbol{v}_2 + \mathbf{R}\boldsymbol{v}_3$ は $\mathbf{R}^3$ 全体になり，$\boldsymbol{v}_1, \boldsymbol{v}_2, \boldsymbol{v}_3$ は1次

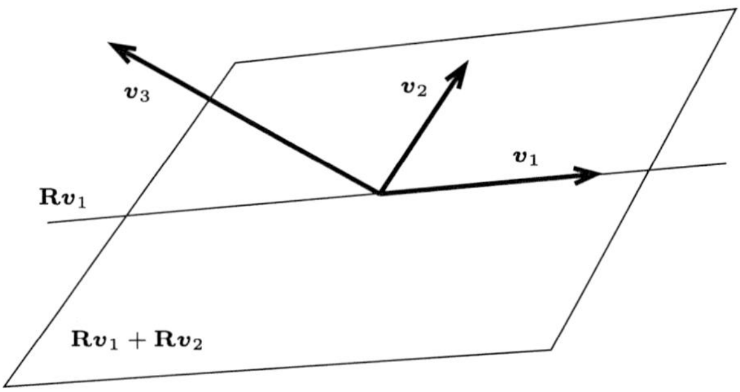

図 5.1 $\mathbf{R}^3$ の 1 次独立なベクトル

独立かつ $\mathbf{R}^3$ を生成するから，$\mathbf{R}^3$ の基底となる．$\mathbf{R}\boldsymbol{v}_1 + \mathbf{R}\boldsymbol{v}_2 + \mathbf{R}\boldsymbol{v}_3$ に含まれないベクトルはもはや存在しないので，$\boldsymbol{v}_1, \boldsymbol{v}_2, \boldsymbol{v}_3$ に新たなベクトルを付け加えて 1 次独立とすることはできない．

定理 5.17 $\boldsymbol{q}_1, \ldots, \boldsymbol{q}_n$ を $\boldsymbol{V}$ の基底とする．このとき次が成り立つ．

(1) 1 次独立なベクトルは高々n 個までしかとることができない．

(2) n 個のベクトル $\boldsymbol{v}_1, \ldots, \boldsymbol{v}_n$ が 1 次独立ならば，それらは $\boldsymbol{V}$ の基底である．

(3) m 個 $(m < n)$ のベクトル $\boldsymbol{v}_1, \ldots, \boldsymbol{v}_m$ が 1 次独立のとき，それらに $n-m$ 個のベクトルを付け加えて $\boldsymbol{V}$ の基底にすることができる．とくに，付け加える $n-m$ 個のベクトルは，$\boldsymbol{q}_1, \ldots, \boldsymbol{q}_n$ の中から選ぶことができる．

証明 (1) $m > n$ のとき，m 個のベクトル

$$\boldsymbol{v}_1, \ldots, \boldsymbol{v}_m$$

は必ず 1 次従属となることを示そう．各 $\boldsymbol{v}_i$ を基底 $\boldsymbol{q}_1, \ldots, \boldsymbol{q}_n$ の 1 次結合として表し，

$$\boldsymbol{v}_i = \sum_{j=1}^{n} a_{ij}\boldsymbol{q}_j$$

とする．このとき，$\boldsymbol{v}_1, \ldots, \boldsymbol{v}_m$ の 1 次結合は

$$\sum_{i=1}^{m} x_i\boldsymbol{v}_i = \sum_{i=1}^{m} x_i\left(\sum_{j=1}^{n} a_{ij}\boldsymbol{q}_j\right)$$

$$= \sum_{j=1}^{n} \left(\sum_{i=1}^{m} x_i a_{ij} \right) \boldsymbol{q}_j$$

のように $\boldsymbol{q}_1, \ldots, \boldsymbol{q}_n$ の 1 次結合として表せるが，ここで係数をすべて 0 とおいて，

$$\sum_{i=1}^{m} a_{ij} x_i = 0 \qquad (j = 1, \ldots, n)$$

を変数 x_i に関する方程式と考える．これらは m 変数 n 元連立斉次 1 次方程式であり，命題 1.3 によれば，$m > n$ のときそのような連立 1 次方程式は必ず非自明な解をもつ．その非自明な解の一つを

$$x_i = c_i \qquad (i = 1, \ldots, m)$$

とすれば,

$$\sum_{i=1}^{m} c_i \boldsymbol{v}_i = \boldsymbol{0}$$

となり，$\boldsymbol{v}_1, \ldots, \boldsymbol{v}_m$ が 1 次従属であることがわかる．

(2) $\boldsymbol{v}_1, \ldots, \boldsymbol{v}_n$ が 1 次独立とし，$\boldsymbol{v} \in \boldsymbol{V}$ を任意のベクトルとする．(1) により，$n+1$ 個のベクトル $\boldsymbol{v}_1, \ldots, \boldsymbol{v}_n, \boldsymbol{v}$ は必ず 1 次従属であり，このとき命題 5.15 によって $\boldsymbol{v}$ は $\boldsymbol{v}_1, \ldots, \boldsymbol{v}_n$ の 1 次結合である．

(3) $\boldsymbol{v}_1, \ldots, \boldsymbol{v}_m$ $(m < n)$ が 1 次独立のとき，$\boldsymbol{q}_1, \ldots, \boldsymbol{q}_n$ の中に $\boldsymbol{v}_1, \ldots, \boldsymbol{v}_m$ の 1 次結合でないベクトルが存在する．なぜかというと，もし仮に $\boldsymbol{v}_1, \ldots, \boldsymbol{v}_m$ の生成する部分空間

$$\mathbf{R}\boldsymbol{v}_1 + \cdots + \mathbf{R}\boldsymbol{v}_m$$

がすべての $\boldsymbol{q}_1, \ldots, \boldsymbol{q}_n$ を含むとすれば，$\boldsymbol{q}_1, \ldots, \boldsymbol{q}_n$ の任意の 1 次結合も含むから，$\boldsymbol{v}_1, \ldots, \boldsymbol{v}_m$ は $\boldsymbol{V}$ を生成することになって $\boldsymbol{V}$ の基底ということになる．ところが，これに上の (1) を適用すれば，1 次独立なベクトルは高々m 個しかとれないはずなのに，n 個の 1 次独立なベクトル $\boldsymbol{q}_1, \ldots, \boldsymbol{q}_n$ が存在することになって矛盾するからである．そこで，その $\boldsymbol{v}_1, \ldots, \boldsymbol{v}_m$ の 1 次結合でないベクトル $\boldsymbol{q}_i$ を付け加えて $\boldsymbol{v}_1, \ldots, \boldsymbol{v}_m, \boldsymbol{q}_i$ とすれば，命題 5.15 によってこれはまた 1 次独立になる．このように，1 次独立性を保ったままベクトルを一つずつ付け加

えてゆけば，いずれ n 個になり，そのとき (2) によって，それらのベクトルは $\boldsymbol{V}$ の基底となる．(証明終)

5.1.6 ベクトル空間の次元

さて，ベクトル空間 $\boldsymbol{V}$ において1次独立性を保ちながら $\boldsymbol{v}_1, \boldsymbol{v}_2, \ldots$ とベクトルの数を増やしてゆくとき，論理的に2通りの場合が考えられる．

(1) ある数 n においてそれ以上1次独立なベクトルを増やせなくなる場合．このとき，$\boldsymbol{v}_1, \ldots, \boldsymbol{v}_n$ は $\boldsymbol{V}$ の基底となる．定理5.17によって，どのようなベクトルのとり方をしても，1次独立なベクトルの数は n より多くはできず，すべての基底はちょうど n 個のベクトルからなることがわかる．

(2) いくらでも1次独立なベクトルを増やせる場合．このとき，有限個のベクトルからなる $\boldsymbol{V}$ の基底は存在しない．

定義 5.18 (次元) ベクトル空間 $\boldsymbol{V}$ において有限個のベクトルからなる基底が存在するとき，基底に含まれるベクトルの数は基底のとり方によらないが，それを $\boldsymbol{V}$ の次元 (dimension) とよび，$\dim \boldsymbol{V}$ で表す．

一方，有限個のベクトルからなる基底が存在せず，いくらでも1次独立なベクトルをとることができる場合，$\boldsymbol{V}$ は無限次元ベクトル空間であるという．無限次元ベクトル空間に対して，有限個のベクトルからなる基底が存在するベクトル空間のことを有限次元ベクトル空間とよぶ．

具体例について考えよう．

$\mathbf{R}^n$ は，n 次元列ベクトル空間とよぶぐらいで，当然その次元は n である．実際，基本ベクトル $\boldsymbol{e}_1, \ldots, \boldsymbol{e}_n$ が一つの基底を与え，これらは $\mathbf{R}^n$ の標準基底とよばれる．すべての列ベクトル $\boldsymbol{v} \in \mathbf{R}^n$ が $\boldsymbol{e}_1, \ldots, \boldsymbol{e}_n$ の1次結合であること，および $\boldsymbol{e}_1, \ldots, \boldsymbol{e}_n$ が1次独立であることは，いずれも表示

$$\boldsymbol{v} = \begin{pmatrix} v_1 \\ \vdots \\ v_n \end{pmatrix} = \sum_{i=1}^{n} v_i \boldsymbol{e}_i$$

から明らかである．

同様に，$m \times n$ 行列の全体をベクトル空間と考えたとき，その次元は mn である．(i,j) 成分のみが 1 で他の成分がすべて 0 であるような mn 個の行列が基底となる．

変数 x の多項式全体の集合 $\mathbf{R}[x]$ において多項式の列

$$1, x, x^2, \ldots, x^n, \ldots$$

を考えると，これはどこまでいっても 1 次独立である．よって $\mathbf{R}[x]$ は無限次元ベクトル空間である．一方，d 次以下の多項式 $f(x)$ はすべて

$$f(x) = a_0 1 + a_1 x + a_2 x^2 + \cdots + a_d x^d$$

のように $1, x, x^2, \ldots, x^d$ の 1 次結合として一意的に表示されることから，$1, x, x^2, \ldots, x^d$ が $\mathbf{R}_{(d)}[x]$ の一つの基底であり，$\mathbf{R}_{(d)}[x]$ の次元は $d+1$ となる．

$\mathbf{R}$ 上の r 階連続的微分可能実数値関数の集合 $C^r(\mathbf{R})$ はいずれも無限次元ベクトル空間である．実際，非負整数 i に対して $f_i(x) = x^i$ によって関数 $f_i(x)$ を定義すれば，$f_i \in C^r(\mathbf{R})$ であり，

$$\sum_{i=0}^{n} a_i f_i(x) = \sum_{i=0}^{n} a_i x^i$$

がすべての $x \in \mathbf{R}$ に対して 0 になるのは明らかに $a_0 = a_1 = \cdots = a_n = 0$ のときだけであるから，$f_0(x), f_1(x), \ldots, f_n(x)$ は任意の n について 1 次独立である．

最後に，複素数の集合 $\mathbf{C}$ をベクトル空間として見るとき，すべての複素数は

$$z = a1 + b\boldsymbol{i}$$

のように一意的に表示されるので，1, $\boldsymbol{i}$ は $\mathbf{C}$ の基底である．よって $\mathbf{C}$ は 2 次元ベクトル空間である．

5.2 線 形 写 像

5.2.1 線形写像の定義と例

定義 5.19 (線形写像) $\boldsymbol{U}, \boldsymbol{V}$ をベクトル空間とする．写像

$$f : \boldsymbol{U} \longrightarrow \boldsymbol{V}$$

が条件

(I) $f(\boldsymbol{u}_1 + \boldsymbol{u}_2) = f(\boldsymbol{u}_1) + f(\boldsymbol{u}_2) \qquad (\boldsymbol{u}_1, \boldsymbol{u}_2 \in \boldsymbol{U})$

(II) $f(\lambda \boldsymbol{u}) = \lambda f(\boldsymbol{u}) \qquad (\lambda \in \mathbf{R}, \boldsymbol{u} \in \boldsymbol{U})$

を満たすならば，f は線形写像 (linear map) であるという．

$f : \boldsymbol{U} \to \boldsymbol{V}$ を線形写像とすると，$\boldsymbol{u} \in \boldsymbol{U}$ に対して

$$f(\mathbf{0}) = f(0\boldsymbol{u}) = 0f(\boldsymbol{u}) = \mathbf{0}$$

となるから，線形写像は必ずゼロベクトルをゼロベクトルに写す．

$\boldsymbol{U}$ のベクトル $\boldsymbol{u}_1, \ldots, \boldsymbol{u}_n$ の 1 次結合

$$\boldsymbol{x} = \sum_{i=1}^{n} x_i \boldsymbol{u}_i$$

を線形写像 f で写すと

$$f(\boldsymbol{x}) = \sum_{i=1}^{n} x_i f(\boldsymbol{u}_i)$$

となる．よって，とくに $\boldsymbol{u}_1, \ldots, \boldsymbol{u}_n$ が $\boldsymbol{U}$ の基底のとき，f は基底ベクトルの像 $f(\boldsymbol{u}_1), \ldots, f(\boldsymbol{u}_n)$ によって決まる．

例 5.20 $\boldsymbol{A}$ を $m \times n$ 行列とするとき，

$$\phi_{\boldsymbol{A}} : \mathbf{R}^n \longrightarrow \mathbf{R}^m$$

を

$$\phi_{\boldsymbol{A}}(\boldsymbol{u}) = \boldsymbol{A}\boldsymbol{u} \qquad (\boldsymbol{u} \in \mathbf{R}^n)$$

と定義し，行列 $\boldsymbol{A}$ が定める線形写像とよぶ．

実際，$\boldsymbol{u}, \boldsymbol{v} \in \mathbf{R}^n$, $\lambda \in \mathbf{R}$ に対して，

(I) $\boldsymbol{A}(\boldsymbol{u} + \boldsymbol{v}) = \boldsymbol{A}\boldsymbol{u} + \boldsymbol{A}\boldsymbol{v}$

(II) $\boldsymbol{A}(\lambda \boldsymbol{u}) = \lambda(\boldsymbol{A}\boldsymbol{u})$

が成り立つから $\phi_{\boldsymbol{A}}$ は線形写像である．

n 次単位行列 $\mathbf{1}$ が定める線形写像は，恒等写像

$$\phi_{\mathbf{1}} - id : \mathbf{R}^n \longrightarrow \mathbf{R}^n$$

である.

例 5.21 微分作用素

$$D = \frac{\mathrm{d}}{\mathrm{d}x} : C^r(\mathbf{R}) \longrightarrow C^{r-1}(\mathbf{R})$$

を考えよう.

$f, g \in C^r(\mathbf{R})$ および $\lambda \in \mathbf{R}$ に対して

(I) $\dfrac{\mathrm{d}}{\mathrm{d}x}(f+g) = \dfrac{\mathrm{d}f}{\mathrm{d}x} + \dfrac{\mathrm{d}g}{\mathrm{d}x}$

(II) $\dfrac{\mathrm{d}}{\mathrm{d}x}(\lambda f) = \lambda \dfrac{\mathrm{d}f}{\mathrm{d}x}$

が成り立つが，これは D がベクトル空間 $C^r(\mathbf{R})$ からベクトル空間 $C^{r-1}(\mathbf{R})$ への線形写像であることを示している.

例 5.22 積分作用素

$$I : C^r(\mathbf{R}) \longrightarrow C^{r+1}(\mathbf{R})$$

を，$f \in C^r(\mathbf{R})$ に対して

$$I(f)(x) = \int_0^x f(t)\mathrm{d}t$$

と定める.

$f, g \in C^r(\mathbf{R})$ および $\lambda \in \mathbf{R}$ に対して

(I) $\displaystyle\int_0^x (f(t)+g(t))\mathrm{d}t = \int_0^x f(t)\mathrm{d}t + \int_0^x g(t)\mathrm{d}t$

(II) $\displaystyle\int_0^x \lambda f(t)\mathrm{d}t = \lambda \int_0^x f(t)\mathrm{d}t$

が成り立つので，I はベクトル空間 $C^r(\mathbf{R})$ からベクトル空間 $C^{r+1}(\mathbf{R})$ への線形写像である.

命題 5.23 $f : \boldsymbol{U} \to \boldsymbol{V}$ と $g : \boldsymbol{V} \to \boldsymbol{W}$ がともに線形写像ならば，合成写像

$$g \circ f : \boldsymbol{U} \longrightarrow \boldsymbol{W}$$

も線形写像である．

証明 $f : \boldsymbol{U} \to \boldsymbol{V}$ と $g : \boldsymbol{V} \to \boldsymbol{W}$ がともに線形写像とする．

(I) $\boldsymbol{u}_1, \boldsymbol{u}_2 \in \boldsymbol{U}$ に対して，

$$\begin{aligned} g \circ f(\boldsymbol{u}_1 + \boldsymbol{u}_2) &= g(f(\boldsymbol{u}_1 + \boldsymbol{u}_2)) \\ &= g(f(\boldsymbol{u}_1) + f(\boldsymbol{u}_2)) \\ &= g(f(\boldsymbol{u}_1)) + g(f(\boldsymbol{u}_2)) \\ &= g \circ f(\boldsymbol{u}_1) + g \circ f(\boldsymbol{u}_2) \end{aligned}$$

また，(II) $\boldsymbol{u} \in \boldsymbol{U}, \lambda \in \mathbf{R}$ に対して，

$$\begin{aligned} g \circ f(\lambda \boldsymbol{u}) &= g(f(\lambda \boldsymbol{u})) \\ &= g(\lambda f(\boldsymbol{u})) \\ &= \lambda g(f(\boldsymbol{u})) \\ &= \lambda g \circ f(\boldsymbol{u}) \end{aligned}$$

であるから，合成写像 $g \circ f$ も線形写像である．(証明終)

$\boldsymbol{A}$ を $m \times n$ 行列，$\boldsymbol{B}$ を $l \times m$ 行列とするとき，

$$\phi_{\boldsymbol{B}} \circ \phi_{\boldsymbol{A}} = \phi_{\boldsymbol{BA}}$$

が成り立つ．実際，任意のベクトル $\boldsymbol{x} \in \mathbf{R}^n$ に対して，

$$\phi_{\boldsymbol{B}}(\phi_{\boldsymbol{A}}(\boldsymbol{x})) = \boldsymbol{B}(\boldsymbol{A}\boldsymbol{x}) = (\boldsymbol{BA})\boldsymbol{x} = \phi_{\boldsymbol{BA}}(\boldsymbol{x})$$

である．

5.2.2 線形写像の像と核

一般に，集合 X から集合 Y への写像

$$f : X \longrightarrow Y$$

が与えられたとき，すべての $x \in X$ に対する f の像 $f(x)$ を集めた集合を f の像 (image) とよび，$\mathrm{Im}\, f$，または，$f(X)$ で表す．すなわち，

$$\mathrm{Im}\, f = f(X) = \{f(x) \,|\, x \in X\}$$

とおく．線形写像の像に関しては，次が成り立つ．

命題 5.24 ベクトル空間 $\boldsymbol{U}$ から $\boldsymbol{V}$ への線形写像

$$f : \boldsymbol{U} \longrightarrow \boldsymbol{V}$$

に対し，$\mathrm{Im}\, f$ は $\boldsymbol{V}$ の部分空間である．

証明 部分空間の条件 (I), (II) を確かめればよい．

$\mathrm{Im}\, f$ の任意の 2 元 $f(\boldsymbol{u}_1), f(\boldsymbol{u}_2)$ に対して

$$f(\boldsymbol{u}_1) + f(\boldsymbol{u}_2) = f(\boldsymbol{u}_1 + \boldsymbol{u}_2) \in \mathrm{Im}\, f$$

だから (I) が成り立つ．また，任意の $f(\boldsymbol{u}) \in \mathrm{Im}\, f$ と $\lambda \in \mathbf{R}$ に対して，

$$\lambda f(\boldsymbol{u}) = f(\lambda \boldsymbol{u}) \in \mathrm{Im}\, f$$

となり (II) も成り立つ．(I), (II) がわかったので，$\mathrm{Im}\, f$ は $\boldsymbol{V}$ の部分空間である．(証明終)

命題 5.25 $\boldsymbol{u}_1, \ldots, \boldsymbol{u}_n$ がベクトル空間 $\boldsymbol{U}$ を生成するならば，

$$\mathrm{Im}\, f = \mathbf{R} f(\boldsymbol{u}_1) + \cdots + \mathbf{R} f(\boldsymbol{u}_n)$$

が成り立つ．

証明 $\mathrm{Im}\, f$ は部分空間であるから，$f(\boldsymbol{u}_1), \ldots, f(\boldsymbol{u}_n) \in \mathrm{Im}\, f$ の任意の 1 次結合は $\mathrm{Im}\, f$ に含まれる．よって，

$$\mathrm{Im}\, f \supset \mathbf{R} f(\boldsymbol{u}_1) + \cdots + \mathbf{R} f(\boldsymbol{u}_n)$$

が成り立つ．

一方，$f(\boldsymbol{u})$ を $\mathrm{Im}\, f$ の任意の元とするとき，$\boldsymbol{u}$ を基底 $\boldsymbol{u}_1, \ldots, \boldsymbol{u}_n$ の 1 次結合として

$$\boldsymbol{u} = \sum_{i=1}^{n} u_i \boldsymbol{u}_i$$

と表せば，

$$f(\boldsymbol{u}) = \sum_{i=1}^{n} u_i f(\boldsymbol{u}_i)$$

は $f(\boldsymbol{u}_1), \ldots, f(\boldsymbol{u}_n)$ の 1 次結合であるから，

$$\mathrm{Im}\, f \subset \mathbf{R} f(\boldsymbol{u}_1) + \cdots + \mathbf{R} f(\boldsymbol{u}_n)$$

も成り立つ．(証明終)

$m \times n$ 行列 $\boldsymbol{A}$ が与えられたとき，$\boldsymbol{A}$ の定める線形写像 $\phi_{\boldsymbol{A}} : \mathbf{R}^n \to \mathbf{R}^m$ の像を $\mathrm{Im}\, \boldsymbol{A}$ で表す．すなわち，

$$\mathrm{Im}\, \boldsymbol{A} = \mathrm{Im}\, \phi_{\boldsymbol{A}} = \{\boldsymbol{A}\boldsymbol{x} \mid \boldsymbol{x} \in \mathbf{R}^n\}$$

とおく．$\boldsymbol{A}$ の第 j 列を $\boldsymbol{a}_j$ とし，

$$\boldsymbol{A} = (\boldsymbol{a}_1, \ldots, \boldsymbol{a}_n)$$

とおいて，$\boldsymbol{A}$ の定める線形写像 $\phi_{\boldsymbol{A}} : \mathbf{R}^n \to \mathbf{R}^m$ と $\mathbf{R}^n$ の標準基底 $\boldsymbol{e}_1, \ldots, \boldsymbol{e}_n$ に対して上の定理を適用すれば，命題 2.4 により，

$$\begin{aligned} \mathrm{Im}\, \boldsymbol{A} &= \mathbf{R}\boldsymbol{A}\boldsymbol{e}_1 + \cdots + \mathbf{R}\boldsymbol{A}\boldsymbol{e}_n \\ &= \mathbf{R}\boldsymbol{a}_1 + \cdots + \mathbf{R}\boldsymbol{a}_n \end{aligned}$$

となる．

定義 5.26　線形写像 $f : \boldsymbol{U} \to \boldsymbol{V}$ に対して，

$$\mathrm{Ker}\, f = \{\boldsymbol{u} \in \boldsymbol{U} \mid f(\boldsymbol{u}) = \boldsymbol{0}\}$$

とおき，これを f の核 (kernel) とよぶ．

命題 5.27　線形写像 $f : \boldsymbol{U} \to \boldsymbol{V}$ の核 $\mathrm{Ker}\, f$ は $\boldsymbol{U}$ の部分空間である．

証明　$\mathrm{Ker}\, f$ の任意の 2 元 $\boldsymbol{u}_1, \boldsymbol{u}_2$ をとれば，$f(\boldsymbol{u}_1) = f(\boldsymbol{u}_2) = \boldsymbol{0}$ であるから，

$$f(\boldsymbol{u}_1+\boldsymbol{u}_2)=f(\boldsymbol{u}_1)+f(\boldsymbol{u}_2)=\mathbf{0}+\mathbf{0}=\mathbf{0}$$

となり，$\boldsymbol{u}_1+\boldsymbol{u}_2\in\operatorname{Ker}f$ となって (I) が成り立つ．また，$\boldsymbol{u}\in\operatorname{Ker}f$ と $\lambda\in\mathbf{R}$ に対して，

$$f(\lambda\boldsymbol{u})=\lambda f(\boldsymbol{u})=\lambda\mathbf{0}=\mathbf{0}$$

だから，$\lambda\boldsymbol{u}\in\operatorname{Ker}f$ となり (II) も成り立つ．よって $\operatorname{Ker}f$ は $\boldsymbol{U}$ の部分空間である．(証明終)

$m\times n$ 行列 $\boldsymbol{A}$ の定める線形写像 $\phi_{\boldsymbol{A}}:\mathbf{R}^n\to\mathbf{R}^m$ の核

$$\operatorname{Ker}\boldsymbol{A}=\operatorname{Ker}\phi_{\boldsymbol{A}}=\{\boldsymbol{x}\in\mathbf{R}^n\mid\boldsymbol{A}\boldsymbol{x}=\mathbf{0}\}$$

が $\mathbf{R}^n$ の部分空間になることは，すでに例 5.7 で述べた．

5.2.3 全射・単射・同型

一般に写像

$$f:X\longrightarrow Y$$

が与えられたとき，

$$\text{任意の } y\in Y \text{ に対し，} f(x)=y \text{ を満たす } x\in X \text{ が存在する} \tag{5.5}$$

ならば，f は全射 (surjection) であるという．$\operatorname{Im}f$ を用いると，$f:X\to Y$ が全射であるための条件は，

$$\operatorname{Im}f=Y$$

とも書くことができる．

また，$x,x'\in X$ に対して

$$f(x)=f(x')\qquad\Longrightarrow\qquad x=x' \tag{5.6}$$

が成り立てば，f は単射 (injection) であるという．

f が全射かつ単射であれば，f は全単射 (bijection) であるという．このとき逆写像 f^{-1} が存在する．

線形写像の単射性に関しては，次の命題が便利である．

命題 5.28 線形写像 $f:\boldsymbol{U}\to\boldsymbol{V}$ が単射であるための必要十分条件は,

$$f(\boldsymbol{u})=\boldsymbol{0} \qquad \Longrightarrow \qquad \boldsymbol{u}=\boldsymbol{0} \tag{5.7}$$

すなわち $\operatorname{Ker} f=\{\boldsymbol{0}\}$ となることである.

証明 $f:\boldsymbol{U}\to\boldsymbol{V}$ が単射のとき, (5.6) において $x=\boldsymbol{u}$, $x'=\boldsymbol{0}$ とおけば, $f(\boldsymbol{0})=\boldsymbol{0}$ であるから, (5.7) が必要であることはすぐわかる.

逆に (5.7) が成り立つとしよう. $\boldsymbol{u},\boldsymbol{u}'\in\boldsymbol{U}$ に対して $f(\boldsymbol{u})=f(\boldsymbol{u}')$ とすれば, f の線形性を用いて,

$$\begin{aligned} f(\boldsymbol{u}-\boldsymbol{u}') &= f(\boldsymbol{u}+(-1)\boldsymbol{u}') \\ &= f(\boldsymbol{u})-f(\boldsymbol{u}') \\ &= \boldsymbol{0} \end{aligned}$$

であるから, これに (5.7) を適用して $\boldsymbol{u}-\boldsymbol{u}'=\boldsymbol{0}$. よって $\boldsymbol{u}=\boldsymbol{u}'$ であるから f は単射である. (証明終)

命題 5.29 有限次元ベクトル空間 $\boldsymbol{U}$ から $\boldsymbol{V}$ への線形写像 $f:\boldsymbol{U}\to\boldsymbol{V}$ について, 次の同値が成り立つ.

(1) f は全射 $\Leftrightarrow$ $f\circ g=id$ を満たす線形写像 $g:\boldsymbol{V}\to\boldsymbol{U}$ が存在する.

(2) f は単射 $\Leftrightarrow$ $g\circ f=id$ を満たす線形写像 $g:\boldsymbol{V}\to\boldsymbol{U}$ が存在する.

証明 (1) $\dim\boldsymbol{V}=m$ として, $\boldsymbol{v}_1,\ldots,\boldsymbol{v}_m$ を $\boldsymbol{V}$ の基底とする. f が全射とすると, $i=1,\ldots,m$ に対して,

$$f(\boldsymbol{u}_i)=\boldsymbol{v}_i$$

を満たす $\boldsymbol{u}_i\in\boldsymbol{U}$ をとることができるが, このとき線形写像 $g:\boldsymbol{V}\to\boldsymbol{U}$ を,

$$g(\boldsymbol{v}_i)=\boldsymbol{u}_i \qquad (i=1,\ldots,m)$$

によって定義すれば,

$$f\circ g(\boldsymbol{v}_i)=f(\boldsymbol{u}_i)=\boldsymbol{v}_i \qquad (i=1,\ldots,m)$$

であるから, $f\circ g=id$ である.

逆に $f \circ g = id$ のとき，任意の $\boldsymbol{v} \in \boldsymbol{V}$ に対して，$\boldsymbol{u} = g(\boldsymbol{v})$ とおくと，

$$f(\boldsymbol{u}) = f \circ g(\boldsymbol{v}) = \boldsymbol{v}$$

となるから，f は全射である．

(2) $\dim \boldsymbol{U} = n, \dim \boldsymbol{V} = m$ として，$\boldsymbol{u}_1, \ldots, \boldsymbol{u}_n$ を $\boldsymbol{U}$ の基底とする．f が単射とすると，定理 5.34 で示すように，

$$\boldsymbol{v}_j = f(\boldsymbol{u}_j) \quad (j = 1, \ldots, n)$$

は 1 次独立であり，これらに $m - n$ 個のベクトルを付け加えて

$$\boldsymbol{v}_1, \ldots, \boldsymbol{v}_n, \boldsymbol{v}_{n+1}, \ldots, \boldsymbol{v}_m$$

が $\boldsymbol{V}$ の基底であるようにできる．このとき，線形写像 $g : \boldsymbol{V} \to \boldsymbol{U}$ を，

$$g(\boldsymbol{v}_j) = \begin{cases} \boldsymbol{u}_j & (j = 1, \ldots, n) \\ \boldsymbol{0} & (j = n+1, \ldots, m) \end{cases}$$

によって定義すれば，

$$g \circ f(\boldsymbol{u}_j) = g(\boldsymbol{v}_j) = \boldsymbol{u}_j \ (j = 1, \ldots, n)$$

となるから，$g \circ f = id$ である．

逆に $g \circ f = id$ とすると，$f(\boldsymbol{u}) = \boldsymbol{0}\ (\boldsymbol{u} \in \boldsymbol{U})$ のとき，

$$\boldsymbol{u} = g \circ f(\boldsymbol{u}) = g(\boldsymbol{0}) = \boldsymbol{0}$$

であるから，命題 5.28 により f は単射である．(証明終)

定義 5.30 (同型)　線形写像でかつ全単射であるものを線形同型写像 (linear isomorphism) とよぶ．ベクトル空間 $\boldsymbol{U}$ とベクトル空間 $\boldsymbol{V}$ の間に線形同型写像

$$f : \boldsymbol{U} \longrightarrow \boldsymbol{V} \tag{5.8}$$

が存在するならば，$\boldsymbol{U}$ と $\boldsymbol{V}$ はベクトル空間として同型 (isomorphic) であるといい，$\boldsymbol{U} \cong \boldsymbol{V}$ と書く．

ベクトル空間 $\boldsymbol{U}$ と $\boldsymbol{V}$ の間に全単射線形写像 (5.8) があるとすると，f によって $\boldsymbol{U}$ の要素と $\boldsymbol{V}$ の要素が一対一に対応していて，たとえば $\boldsymbol{u}_1$ に $\boldsymbol{v}_1$ が，$\boldsymbol{u}_2$

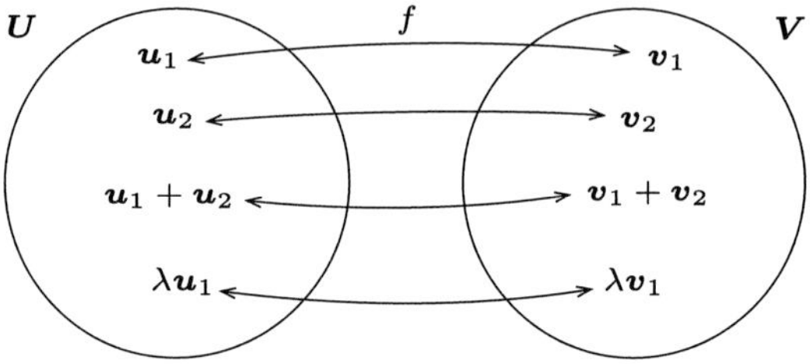

図 **5.2**　同型

に $\boldsymbol{v}_2$ が対応しているとき，$\boldsymbol{u}_1+\boldsymbol{u}_2$ には $\boldsymbol{v}_1+\boldsymbol{v}_2$ が，$\lambda\boldsymbol{u}_1$ には $\lambda\boldsymbol{v}_1$ が，というように，和どうし，λ 倍どうしが対応している．(図 5.2)

ベクトル空間というときには，和とスカラー倍の構造だけに着目して他の性質は一切忘れるということであったから，これはつまり，$\boldsymbol{U}$ と $\boldsymbol{V}$ はベクトル空間として見る限りまったく同じものと考えてもよいということである．それを $\boldsymbol{U}$ と $\boldsymbol{V}$ はベクトル空間として同型であるといい表すのである．

命題 5.23 より次が得られる．

命題 5.31　線形同型写像どうしの合成写像はまた線形同型写像である．

命題 5.32　線形同型写像 $f:\boldsymbol{U}\to\boldsymbol{V}$ の逆写像 f^{-1} は線形同型写像である．

証明　$f:\boldsymbol{U}\to\boldsymbol{V}$ が線形同型写像のとき，逆写像 f^{-1} が線形写像であることを示す．

$\boldsymbol{v}_1,\boldsymbol{v}_2\in\boldsymbol{V}$ に対して，$f^{-1}(\boldsymbol{v}_1)+f^{-1}(\boldsymbol{v}_2)$ を f で写せば

$$\begin{aligned} f(f^{-1}(\boldsymbol{v}_1)+f^{-1}(\boldsymbol{v}_2)) &= f(f^{-1}(\boldsymbol{v}_1))+f(f^{-1}(\boldsymbol{v}_2)) \\ &= \boldsymbol{v}_1+\boldsymbol{v}_2 \end{aligned}$$

であるから，逆写像の定義によって

$$f^{-1}(\boldsymbol{v}_1+\boldsymbol{v}_2)=f^{-1}(\boldsymbol{v}_1)+f^{-1}(\boldsymbol{v}_2)$$

である．また，$\boldsymbol{v}\in\boldsymbol{V}$ と $\lambda\in\mathbf{R}$ に対して

$$f(\lambda f^{-1}(\boldsymbol{v}))=\lambda f(f^{-1}(\boldsymbol{v}))$$

$$= \lambda \boldsymbol{v}$$

だから，

$$f^{-1}(\lambda \boldsymbol{v}) = \lambda f^{-1}(\boldsymbol{v})$$

となる．(証明終)

命題 5.32 と命題 5.31 より，ベクトル空間の同型は同値関係であることがわかる．すなわち，

(1) $\boldsymbol{V} \cong \boldsymbol{V}$

(2) $\boldsymbol{U} \cong \boldsymbol{V} \quad \Rightarrow \quad \boldsymbol{V} \cong \boldsymbol{U}$

(3) $\boldsymbol{U} \cong \boldsymbol{V},\ \boldsymbol{V} \cong \boldsymbol{W} \quad \Rightarrow \quad \boldsymbol{U} \cong \boldsymbol{W}$

定義 5.33 $\boldsymbol{V}$ をベクトル空間とするとき，$\boldsymbol{V}$ から $\boldsymbol{V}$ 自身への線形同型写像全体の集合を，$\boldsymbol{V}$ の一般線形群とよび，$GL(\boldsymbol{V})$ で表す．

写像の合成を演算と考えると，命題 5.31 により，$GL(\boldsymbol{V})$ の元どうしの合成はまた $GL(\boldsymbol{V})$ の元であり，明らかに結合法則が成り立つ．恒等写像は線形同型写像であり，$GL(\boldsymbol{V})$ の単位元となる．また，命題 5.32 により，$GL(\boldsymbol{V})$ の元の逆元も存在する．

5.2.4 線形写像と次元

定理 5.34 $f : \boldsymbol{U} \to \boldsymbol{V}$ を線形写像とし，ベクトル $\boldsymbol{u}_1, \ldots, \boldsymbol{u}_n \in \boldsymbol{U}$ が与えられているとする．このとき，

(1) $f(\boldsymbol{u}_1), \ldots, f(\boldsymbol{u}_n)$ が 1 次独立ならば，$\boldsymbol{u}_1, \ldots, \boldsymbol{u}_n$ も 1 次独立である．

(2) f が単射ならば，この逆も成り立つ．

証明 (1). $f(\boldsymbol{u}_1), \ldots, f(\boldsymbol{u}_n)$ が 1 次独立とする．

$$a_1 \boldsymbol{u}_1 + \cdots + a_n \boldsymbol{u}_n = \boldsymbol{0}$$

ならば，両辺を線形写像 f で写せば

$$a_1 f(\boldsymbol{u}_1) + \cdots + a_n f(\boldsymbol{u}_n) = \boldsymbol{0}$$

となり，$f(\boldsymbol{u}_1),\dots,f(\boldsymbol{u}_n)$ が 1 次独立だから $a_1=\cdots=a_n=0$ である．よって，$\boldsymbol{u}_1,\dots,\boldsymbol{u}_n$ も 1 次独立である．

(2). 逆に $\boldsymbol{u}_1,\dots,\boldsymbol{u}_n$ が 1 次独立とする．

$$a_1f(\boldsymbol{u}_1)+\cdots+a_nf(\boldsymbol{u}_n)=\boldsymbol{0}$$

と仮定すれば，f の線形性によって

$$f(a_1\boldsymbol{u}_1+\cdots+a_n\boldsymbol{u}_n)=\boldsymbol{0}$$

であるが，ここで f が単射とすれば命題 5.28 により

$$a_1\boldsymbol{u}_1+\cdots+a_n\boldsymbol{u}_n=\boldsymbol{0}$$

となり，$\boldsymbol{u}_1,\dots,\boldsymbol{u}_n$ は 1 次独立だから $a_1=\cdots=a_n=0$ である．よって，$f(\boldsymbol{u}_1),\dots,f(\boldsymbol{u}_n)$ は 1 次独立となる．(証明終)

定理 5.35 $\boldsymbol{U},\boldsymbol{V}$ を有限次元ベクトル空間とするとき，線形写像 $f:\boldsymbol{U}\to\boldsymbol{V}$ が全射ならば，$\dim\boldsymbol{U}\geq\dim\boldsymbol{V}$ である．ここで等号が成り立つならば，f は全単射である．

証明 $\dim\boldsymbol{V}=n$ として，

$$\boldsymbol{q}_1,\dots,\boldsymbol{q}_n$$

を $\boldsymbol{V}$ の基底とする．f は全射だから，各 $\boldsymbol{q}_i$ に対し，

$$f(\boldsymbol{u}_i)=\boldsymbol{q}_i$$

となるベクトル $\boldsymbol{u}_i\in\boldsymbol{U}$ をとることができる．このとき，定理 5.34(1) によって，

$$\boldsymbol{u}_1,\dots,\boldsymbol{u}_n \tag{5.9}$$

は $\boldsymbol{U}$ の 1 次独立なベクトルであるから，定理 5.17(1) により，$\boldsymbol{U}$ の次元は n 以上でなければならない．

ここで，もし $\dim\boldsymbol{U}=n$ ならば，定理 5.17(2) により，(5.9) は $\boldsymbol{U}$ の基底である．よって，任意のベクトル $\boldsymbol{u}\in\boldsymbol{U}$ は

$$\boldsymbol{u}=a_1\boldsymbol{u}_1+\cdots+a_n\boldsymbol{u}_n$$

と表されるが，もし $f(\boldsymbol{u})=\mathbf{0}$ とすれば，

$$\begin{aligned} f(a_1\boldsymbol{u}_1+\cdots+a_n\boldsymbol{u}_n) &= a_1f(\boldsymbol{u}_1)+\cdots+a_n(\boldsymbol{u}_n) \\ &= a_1\boldsymbol{q}_1+\cdots+a_n\boldsymbol{q}_n \\ &= \mathbf{0} \end{aligned}$$

であり，$\boldsymbol{q}_1,\ldots,\boldsymbol{q}_n$ が 1 次独立なので $a_1=\cdots=a_n=0$ となって，$\boldsymbol{u}=\mathbf{0}$ である．よって，命題 5.28 により f は単射である．f はもともと全射であったから，全単射となる．(証明終)

定理 5.36 $\boldsymbol{U}, \boldsymbol{V}$ を有限次元ベクトル空間とするとき，線形写像 $f:\boldsymbol{U}\to\boldsymbol{V}$ が単射ならば，$\dim\boldsymbol{U}\leq\dim\boldsymbol{V}$ である．ここで等号が成り立つならば，f は全単射である．

証明 $\dim\boldsymbol{U}=n$ として，

$$\boldsymbol{p}_1,\ldots,\boldsymbol{p}_n$$

を $\boldsymbol{U}$ の基底とする．f が単射ならば，定理 5.34(2) より，

$$f(\boldsymbol{p}_1),\ldots,f(\boldsymbol{p}_n) \tag{5.10}$$

は $\boldsymbol{V}$ の 1 次独立なベクトルであるから，定理 5.17(1) により，$\boldsymbol{V}$ の次元は n 以上でなければならない．

ここでもし $\dim\boldsymbol{V}=n$ ならば，定理 5.17(2) により，(5.10) は $\boldsymbol{V}$ の基底である．よって，$\boldsymbol{V}$ の任意のベクトル $\boldsymbol{v}$ は，

$$\boldsymbol{v}=a_1f(\boldsymbol{p}_1)+\cdots+a_nf(\boldsymbol{p}_n)$$

と表されるが，ここで

$$\boldsymbol{u}=a_1\boldsymbol{p}_1+\cdots+a_n\boldsymbol{p}_n$$

とおけば，

$$f(\boldsymbol{u})=a_1f(\boldsymbol{p}_1)+\cdots+a_nf(\boldsymbol{p}_n)=\boldsymbol{v}$$

であるから f は全射である．f はもともと単射であったから，全単射となる．(証明終)

定理 5.35 と定理 5.36 により，次が成り立つ．

系 5.37 有限次元ベクトル空間 $\boldsymbol{U}$ と $\boldsymbol{V}$ が同型であれば，$\dim \boldsymbol{U} = \dim \boldsymbol{V}$ である．

実は，次項で示すように，この逆も成り立つ．

定理 5.35 と定理 5.36 の系として，次も得られる．

系 5.38 $\boldsymbol{U}, \boldsymbol{V}$ を有限次元ベクトル空間とし，$\dim \boldsymbol{U} = \dim \boldsymbol{V}$ とするとき，線形写像 $f : \boldsymbol{U} \to \boldsymbol{V}$ について次の 3 条件は同値．

(1) f は全射である．
(2) f は単射である．
(3) f は全単射，すなわち線形同型写像である．

全射と単射は，どちらかというと反対の性格をもった条件なのに，$\dim \boldsymbol{U} = \dim \boldsymbol{V}$ のときにはそれらが同値となるのはちょっと不思議な感じがする．この定理は，有限集合 X の元の数と Y の元の数が等しい場合に，写像 $f : X \to Y$ について，(1) 全射，(2) 単射，(3) 全単射，の 3 条件が同値となるのに似ている．

5.2.5 ベクトル空間のパラメータ表示

ベクトル空間 $\boldsymbol{V}$ のベクトル

$$\boldsymbol{v}_1, \ldots, \boldsymbol{v}_n \tag{5.11}$$

が与えられたとき，$\mathbf{R}^n$ から $\boldsymbol{V}$ への写像

$$\phi : \mathbf{R}^n \longrightarrow \boldsymbol{V} \tag{5.12}$$

を

$$\boldsymbol{x} = \begin{pmatrix} x_1 \\ \vdots \\ x_n \end{pmatrix} \in \mathbf{R}^n \tag{5.13}$$

に対して，

$$\phi(\boldsymbol{x}) = \sum_{i=1}^{n} x_i \boldsymbol{v}_i$$

によって定義すれば，これは明らかに線形写像である．写像 (5.12) を，ベクトル $\boldsymbol{v}_1, \ldots, \boldsymbol{v}_n$ の定める線形写像とよぼう．

$\mathbf{R}^n$ から $\boldsymbol{V}$ への任意の線形写像

$$f : \mathbf{R}^n \longrightarrow \boldsymbol{V}$$

が与えられたとき，基本ベクトル $\boldsymbol{e}_i \in \mathbf{R}^n$ の像を

$$\boldsymbol{v}_i = f(\boldsymbol{e}_i) \qquad (i = 1, \ldots, n)$$

とおけば，

$$\begin{aligned} f(\boldsymbol{x}) &= f(\sum_{i=1}^{n} x_i \boldsymbol{e}_i) \\ &= \sum_{i=1}^{n} x_i f(\boldsymbol{e}_i) \\ &= \sum_{i=1}^{n} x_i \boldsymbol{v}_i \end{aligned}$$

であるから，任意の線形写像 $f : \mathbf{R}^n \to \boldsymbol{V}$ は上記の ϕ のように表すことができる．

次の補題は，容易に確かめられる．

補題 5.39 ベクトル $\boldsymbol{v}_1, \ldots, \boldsymbol{v}_n \in \boldsymbol{V}$ の定める線形写像 $\phi : \mathbf{R}^n \to \boldsymbol{V}$ について，次が成り立つ．

ϕ が全射 $\iff$ $\boldsymbol{v}_1, \ldots, \boldsymbol{v}_n$ が $\boldsymbol{V}$ を生成する

ϕ が単射 $\iff$ $\boldsymbol{v}_1, \ldots, \boldsymbol{v}_n$ が 1 次独立

したがって，とくに，$\boldsymbol{v}_1, \ldots, \boldsymbol{v}_n$ が $\boldsymbol{V}$ の基底ならば，$\phi : \mathbf{R}^n \to \boldsymbol{V}$ は線形同型写像となるが，これを基底 $\boldsymbol{v}_1, \ldots, \boldsymbol{v}_n$ による $\boldsymbol{V}$ のパラメータ表示とよぶ．つまり，パラメータ表示によって，

命題 5.40 任意の n 次元ベクトル空間は $\mathbf{R}^n$ と同型である．

定理 5.41 有限次元ベクトル空間 $\boldsymbol{U}$ と $\boldsymbol{V}$ が同型となるための必要十分条件は，$\dim \boldsymbol{U} = \dim \boldsymbol{V}$ である．

証明 有限次元ベクトル空間 $\boldsymbol{U}$ と $\boldsymbol{V}$ が同型であれば，$\dim \boldsymbol{U} = \dim \boldsymbol{V}$ となることは系 5.37 で述べた．逆に $\dim \boldsymbol{U} = \dim \boldsymbol{V} = n$ であれば，命題 5.40 により，$\boldsymbol{U}$ も $\boldsymbol{V}$ も $\mathbf{R}^n$ に同型であるから，$\boldsymbol{U} \cong \boldsymbol{V}$ となる．(証明終)

なんのことはない．任意の集合 $\boldsymbol{V}$ の上に加法とスカラー倍が定義されていてうんぬん，と抽象的なベクトル空間の一般論を展開してはいるが，有限次元ベクトル空間は，構造的には，列ベクトル空間 $\mathbf{R}^n$ と同じものしか存在しないわけである．

(5.11) が $\boldsymbol{V}$ の基底のとき，パラメータ表示 (5.12) が線形同型写像であるが，その逆写像

$$\phi^{-1} : \boldsymbol{V} \longrightarrow \mathbf{R}^n$$

は，任意のベクトル $\boldsymbol{v} \in \boldsymbol{V}$ を基底 (5.11) の 1 次結合として，

$$\boldsymbol{v} = \sum_{i=1}^{n} x_i \boldsymbol{v}_i$$

と表しておき，$\boldsymbol{v}$ に対して係数 x_i を成分とする列ベクトル (5.13) を対応させる写像である．この列ベクトル (5.13) を，基底 $\boldsymbol{v}_1, \ldots, \boldsymbol{v}_n$ に関する $\boldsymbol{v}$ の成分表示とよぶ．

より一般に，ベクトル $\boldsymbol{v}_1, \ldots, \boldsymbol{v}_n \in \boldsymbol{V}$ が 1 次独立のとき，$\boldsymbol{v}_1, \ldots, \boldsymbol{v}_n$ は部分空間 $\mathbf{R}\boldsymbol{v}_1 + \cdots + \mathbf{R}\boldsymbol{v}_n$ の基底であるから，

$$\phi : \mathbf{R}^n \longrightarrow \mathbf{R}\boldsymbol{v}_1 + \cdots + \mathbf{R}\boldsymbol{v}_n$$

は，部分空間 $\mathbf{R}\boldsymbol{v}_1 + \cdots + \mathbf{R}\boldsymbol{v}_n$ のパラメータ表示となる．

$m \times n$ 行列 $\boldsymbol{A}$ の第 j 列を $\boldsymbol{a}_j$ とし，

$$\boldsymbol{A} = (\boldsymbol{a}_1, \ldots, \boldsymbol{a}_n)$$

とする．$\boldsymbol{A}$ の定める線形写像

$$\phi_{\boldsymbol{A}} : \mathbf{R}^n \longrightarrow \mathbf{R}^m$$

について，

$$\phi_{\boldsymbol{A}}(\boldsymbol{e}_i) = \boldsymbol{A}\boldsymbol{e}_i = \boldsymbol{a}_i \qquad (i = 1, \ldots, n)$$

であるから，列ベクトル

$$\boldsymbol{a}_1, \ldots, \boldsymbol{a}_n$$

の定める線形写像とは行列 $\boldsymbol{A}$ の定める線形写像 $\phi_{\boldsymbol{A}}$ に他ならない．補題 5.39 を書き直せば，次が得られる．

系 5.42 $m \times n$ 行列 $\boldsymbol{A}$ の第 j 列を $\boldsymbol{a}_j$ として，

$$\boldsymbol{A} = (\boldsymbol{a}_1, \ldots, \boldsymbol{a}_n)$$

と書くとき，$\boldsymbol{A}$ が定める線形写像

$$\phi_{\boldsymbol{A}} : \mathbf{R}^n \to \mathbf{R}^m, \qquad \phi_{\boldsymbol{A}}(\boldsymbol{x}) = \boldsymbol{A}\boldsymbol{x} \quad (\boldsymbol{x} \in \mathbf{R}^n)$$

について，次が成り立つ．

$$\phi_{\boldsymbol{A}} \text{ が全射} \iff \boldsymbol{a}_1, \ldots, \boldsymbol{a}_n \text{ が } \mathbf{R}^m \text{ を生成する}$$
$$\phi_{\boldsymbol{A}} \text{ が単射} \iff \boldsymbol{a}_1, \ldots, \boldsymbol{a}_n \text{ が 1 次独立}$$

5.2.6 正則性の同値条件 II

系 5.42 を用いると，行列 $\boldsymbol{A}$ の正則性を次のように言い換えることができる．合わせて，定理 3.25 を参照せよ．

定理 5.43 n 次正方行列 $\boldsymbol{A} = (\boldsymbol{a}_1, \ldots, \boldsymbol{a}_n)$ について，次は同値．

(1) $\boldsymbol{A}$ は正則行列．

(7a) $\phi_{\boldsymbol{A}} : \mathbf{R}^n \to \mathbf{R}^n$ は全射．

(7b) $\phi_{\boldsymbol{A}} : \mathbf{R}^n \to \mathbf{R}^n$ は単射．

(7c) $\phi_{\boldsymbol{A}} : \mathbf{R}^n \to \mathbf{R}^n$ は全単射，すなわち，線形同型写像．

(8a) $\boldsymbol{a}_1, \ldots, \boldsymbol{a}_n$ は $\mathbf{R}^n$ を生成する．

(8b) $\boldsymbol{a}_1, \ldots, \boldsymbol{a}_n$ は 1 次独立.

(8c) $\boldsymbol{a}_1, \ldots, \boldsymbol{a}_n$ は $\mathbf{R}^n$ の基底.

証明 系 5.42 により (7a) と (8a), (7b) と (8b), (7c) と (8c) は互いに同値であるが, 系 5.38 によれば (7a), (7b), (7c) は同値であるから, これらはすべてお互いに同値である.

ところが, 条件 (7a) は定理 3.25 の条件 (2) を言い換えただけなので, これらはすべて $\boldsymbol{A}$ が正則行列であることと同値であることがわかる. (証明終)

$\boldsymbol{A}$ が正則行列のとき, $\phi_{\boldsymbol{A}}$ の逆写像は $\phi_{\boldsymbol{A}^{-1}}$ で与えられることを注意しておこう. 実際,

$$\phi_{\boldsymbol{A}} \circ \phi_{\boldsymbol{A}^{-1}} = \phi_{\boldsymbol{A}\boldsymbol{A}^{-1}} = \phi_{\mathbf{1}}$$

$$\phi_{\boldsymbol{A}^{-1}} \circ \phi_{\boldsymbol{A}} = \phi_{\boldsymbol{A}^{-1}\boldsymbol{A}} = \phi_{\mathbf{1}}$$

であるが, $\phi_{\mathbf{1}}$ は恒等写像であるから, $\phi_{\boldsymbol{A}^{-1}}$ が $\phi_{\boldsymbol{A}}$ の逆写像となる.

5.2.7 基底の取り替え

命題 5.40 は, すべての n 次元ベクトル空間はパラメータ表示によって $\mathbf{R}^n$ と同一視できるといっているわけだが, その同一視の仕方は基底のとり方によるわけで, 決まった同一視の仕方があるわけではない.

いま, $\boldsymbol{q}_1, \ldots, \boldsymbol{q}_n$ と $\boldsymbol{q}'_1, \ldots, \boldsymbol{q}'_n$ を n 次元ベクトル空間 $\boldsymbol{V}$ の 2 つの基底とし, それぞれの基底に関して $\boldsymbol{v} \in \boldsymbol{V}$ が

$$\boldsymbol{v} = \sum_{i=1}^{n} x_i \boldsymbol{q}_i = \sum_{i=1}^{n} x'_i \boldsymbol{q}'_i$$

と表されているとしよう. 各 $\boldsymbol{q}_j$ を $\boldsymbol{q}'_1, \ldots, \boldsymbol{q}'_n$ の 1 次結合として表し,

$$\boldsymbol{q}_j = \sum_{i=1}^{n} t_{ij} \boldsymbol{q}'_i$$

とすると,

$$\boldsymbol{v} = \sum_{j=1}^{n} x_j \boldsymbol{q}_j$$

$$= \sum_{j=1}^{n} \sum_{i=1}^{n} x_j t_{ij} \boldsymbol{q}'_i$$

$$= \sum_{i=1}^{n} \left(\sum_{j=1}^{n} t_{ij} x_j \right) \boldsymbol{q}'_i$$

となるが，これは $\boldsymbol{v}$ の基底 $\boldsymbol{q}'_1, \ldots, \boldsymbol{q}'_n$ に関する成分が

$$x'_i = \sum_{j=1}^{n} t_{ij} x_j$$

であることを示している．すなわち，t_{ij} を成分とする n 次正方行列を $\boldsymbol{T} = (t_{ij})$ とおけば，$\boldsymbol{v}$ の 2 つの基底 $\boldsymbol{q}_1, \ldots, \boldsymbol{q}_n$ と $\boldsymbol{q}'_1, \ldots, \boldsymbol{q}'_n$ に関する成分表示

$$\boldsymbol{x} = \begin{pmatrix} x_1 \\ \vdots \\ x_n \end{pmatrix}, \quad \boldsymbol{x}' = \begin{pmatrix} x'_1 \\ \vdots \\ x'_n \end{pmatrix}$$

の関係は，

$$\boldsymbol{x}' = \boldsymbol{T}\boldsymbol{x}$$

である．

これらを模式的に表せば，次のようになる．$\boldsymbol{V}$ の 2 つの基底の間の関係を

$$(\boldsymbol{q}_1, \ldots, \boldsymbol{q}_n) = (\boldsymbol{q}'_1, \ldots, \boldsymbol{q}'_n)\boldsymbol{T}$$

とする．$\boldsymbol{v} \in \boldsymbol{V}$ が 2 つの基底に関して

$$\boldsymbol{v} = (\boldsymbol{q}_1, \ldots, \boldsymbol{q}_n)\boldsymbol{x} = (\boldsymbol{q}'_1, \ldots, \boldsymbol{q}'_n)\boldsymbol{x}' \qquad (\boldsymbol{x}, \boldsymbol{x}' \in \mathbf{R}^n)$$

と表されたとすると，

$$(\boldsymbol{q}'_1, \ldots, \boldsymbol{q}'_n)\boldsymbol{T}\boldsymbol{x} = (\boldsymbol{q}'_1, \ldots, \boldsymbol{q}'_n)\boldsymbol{x}'$$

であるから，基底に関する 1 次結合の表示の一意性によって

$$\boldsymbol{T}\boldsymbol{x} = \boldsymbol{x}'$$

となる．

5.3 線形写像と行列のランク

5.3.1 線形写像のランク

ベクトル空間 $\boldsymbol{U}$ から $\boldsymbol{V}$ への線形写像

$$f : \boldsymbol{U} \longrightarrow \boldsymbol{V}$$

が与えられたとき，$\operatorname{Im} f$ と $\operatorname{Ker} f$ がそれぞれ $\boldsymbol{V}, \boldsymbol{U}$ の部分空間になることは，5. 2. 2 項で述べた．

定義 5.44 (線形写像のランク)　ベクトル空間 $\operatorname{Im} f$ の次元を f のランク (rank)，または，階数とよび，$\operatorname{rank} f$ で表す．すなわち，

$$\operatorname{rank} f = \dim \operatorname{Im} f$$

線形写像のランクに関してもっとも重要なのは次の定理である．

定理 5.45　線形写像 $f : \boldsymbol{U} \to \boldsymbol{V}$ に対して，次が成り立つ．

$$\operatorname{rank} f + \dim \operatorname{Ker} f = \dim \boldsymbol{U}$$

証明　$r = \operatorname{rank} f$, $s = \dim \operatorname{Ker} f$ とおく．

$\operatorname{Im} f$ の基底

$$\boldsymbol{v}_1, \ldots, \boldsymbol{v}_r$$

をとり，これらに対して $\boldsymbol{U}$ のベクトル

$$\boldsymbol{u}_1, \ldots, \boldsymbol{u}_r \tag{5.14}$$

を

$$f(\boldsymbol{u}_i) = \boldsymbol{v}_i \quad (i = 1, \ldots, r)$$

を満たすようにとる．また，

$$\boldsymbol{u}_{r+1}, \ldots, \boldsymbol{u}_{r+s} \tag{5.15}$$

を $\mathrm{Ker}\, f$ の基底とする．このとき，(5.14) と (5.15) を合わせた

$$\boldsymbol{u}_1, \ldots, \boldsymbol{u}_r, \boldsymbol{u}_{r+1}, \ldots, \boldsymbol{u}_{r+s} \tag{5.16}$$

が $\boldsymbol{U}$ の基底となることを示せばよい．

まず，これらが 1 次独立であることをみるために，

$$\sum_{i=1}^{r+s} c_i \boldsymbol{u}_i = \boldsymbol{0} \tag{5.17}$$

と仮定しよう．この両辺を f で写せば，

$$f(\boldsymbol{u}_i) = \begin{cases} \boldsymbol{v}_i & (i = 1, \ldots, r) \\ \boldsymbol{0} & (i - r + 1, \ldots, r + s) \end{cases}$$

だから，

$$\sum_{i=1}^{r} c_i \boldsymbol{v}_i = \boldsymbol{0}$$

となるが，ここで $\boldsymbol{v}_1, \ldots, \boldsymbol{v}_r$ が $\mathrm{Im}\, f$ の基底であったことから，

$$c_1 = \cdots = c_r = 0$$

である．すると (5.17) は

$$\sum_{i=r+1}^{r+s} c_i \boldsymbol{u}_i = \boldsymbol{0} \tag{5.18}$$

となるが，(5.15) は $\mathrm{Ker}\, f$ の基底であったから，

$$c_{r+1} = \cdots = c_{r+s} = 0$$

も成り立つ．これで (5.16) が 1 次独立であることがわかった．

次に (5.16) が $\boldsymbol{U}$ を生成することを示そう．任意のベクトル $\boldsymbol{u} \in \boldsymbol{U}$ に対し，$f(\boldsymbol{u})$ は $\mathrm{Im}\, f$ の基底 $\boldsymbol{v}_1, \ldots, \boldsymbol{v}_r$ を用いて

$$f(\boldsymbol{u}) = \sum_{i=1}^{r} c_i \boldsymbol{v}_i$$

と表すことができる．ここで

$$\boldsymbol{u}' = \sum_{i=1}^{r} c_i \boldsymbol{u}_i \tag{5.19}$$

とおけば，

$$f(\boldsymbol{u}') = \sum_{i=1}^{r} c_i f(\boldsymbol{u}_i) = \sum_{i=1}^{r} c_i \boldsymbol{v}_i = f(\boldsymbol{u})$$

であるから，

$$f(\boldsymbol{u} - \boldsymbol{u}') = \boldsymbol{0}$$

よって，$\boldsymbol{u} - \boldsymbol{u}'$ は $\mathrm{Ker}\, f$ の基底 $\boldsymbol{u}_{r+1}, \ldots, \boldsymbol{u}_{r+s}$ の 1 次結合として

$$\boldsymbol{u} - \boldsymbol{u}' = \sum_{i=r+1}^{r+s} c_i \boldsymbol{u}_i \tag{5.20}$$

と表すことができる．(5.19), (5.20) より，

$$\boldsymbol{u} = \sum_{i=1}^{r+s} c_i \boldsymbol{u}_i$$

となり，(5.16) が $\boldsymbol{U}$ を生成することがわかった. (証明終)

この定理は，模式的に図 5.3 のようにして憶えるとよい．

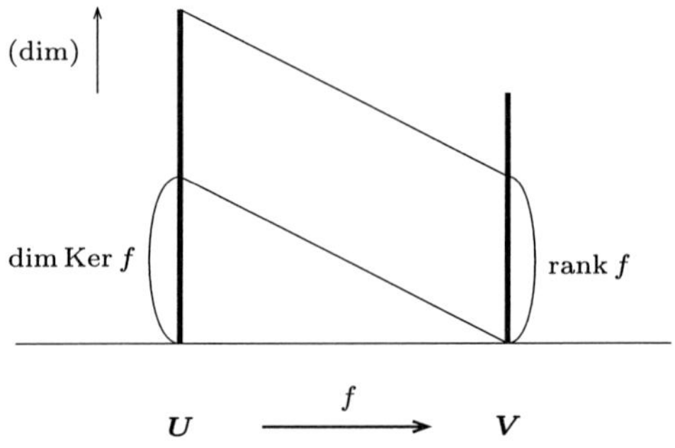

図 **5.3** $\mathrm{rank}\, f + \dim \mathrm{Ker}\, f = \dim \boldsymbol{U}$

定理 5.45 の系として，次が得られる．

系 5.46 n 次元ベクトル空間 $\boldsymbol{U}$ から m 次元ベクトル空間 $\boldsymbol{V}$ への線形写像 $f : \boldsymbol{U} \to \boldsymbol{V}$ について，

(1) f は全射 $\iff$ $\operatorname{rank} f = m$

(2) f は単射 $\iff$ $\operatorname{rank} f = n$

が成り立つ．

命題 5.47 線形写像 $f : \boldsymbol{U} \to \boldsymbol{V}$ が与えられているとする．このとき，次が成り立つ．

(1) $g : \boldsymbol{T} \to \boldsymbol{U}$ が全射線形写像ならば，$\operatorname{rank} f \circ g = \operatorname{rank} f$.

(2) $h : \boldsymbol{V} \to \boldsymbol{W}$ が単射線形写像ならば，$\operatorname{rank} h \circ f = \operatorname{rank} f$.

とくに，線形同型写像を合成しても，ランクは変わらない．

証明 (1) $g : \boldsymbol{T} \to \boldsymbol{U}$ が全射線形写像ならば

$$\operatorname{Im} f \circ g = f(g(\boldsymbol{T})) = f(\boldsymbol{U}) = \operatorname{Im} f$$

だから，

$$\operatorname{rank} f \circ g = \dim \operatorname{Im} f \circ g = \dim \operatorname{Im} f = \operatorname{rank} f$$

となる．

(2) $h : \boldsymbol{V} \to \boldsymbol{W}$ が単射線形写像とする．このとき，h の定義域を $\operatorname{Im} f$ に制限した写像

$$h|_{\operatorname{Im} f} : \operatorname{Im} f \longrightarrow \operatorname{Im} h \circ f$$

は，明らかに全射かつ単射，すなわち，線形同型写像である．よって，

$$\operatorname{rank} h \circ f = \dim \operatorname{Im} h \circ f = \dim \operatorname{Im} f = \operatorname{rank} f$$

となる．(証明終)

5.3.2 行列のランク

定義 5.48 $m \times n$ 行列 $\boldsymbol{A}$ に対し，$\boldsymbol{A}$ の定める線形写像

$$\phi_{\boldsymbol{A}} : \mathbf{R}^n \longrightarrow \mathbf{R}^m$$

のランクを行列 $\boldsymbol{A}$ のランクとよび，$\operatorname{rank} \boldsymbol{A}$ で表す．

$$\operatorname{rank} \boldsymbol{A} = \dim \operatorname{Im} \boldsymbol{A} = \dim \operatorname{Im} \phi_{\boldsymbol{A}}$$

定理 5.45 の系として，次が得られる．

系 5.49　$\boldsymbol{A}$ を $m \times n$ 行列とするとき，

$$\operatorname{rank} \boldsymbol{A} + \dim \operatorname{Ker} \boldsymbol{A} = n$$

命題 5.47 によって，$\boldsymbol{A}$ の左右どちらから正則行列をかけても $\boldsymbol{A}$ のランクは変わらないことがわかる．

具体的に行列のランクを求めるには，掃き出しを用いることができる．掃き出しによって $\boldsymbol{A}$ を

$$\boldsymbol{A}' = \left(\begin{array}{ccccccc} 1 & * & \ldots & \ldots & 0 & * & \ldots \\ & & & \ddots & \vdots & \vdots & \ddots \\ & & & & 1 & * & \ldots \\ & & 0 & & & & \\ & & & & & & \end{array}\right)$$

に変形できたとする．このとき，$\boldsymbol{A}'$ におけるピボットの数を r とすれば，

$$\operatorname{rank} \boldsymbol{A} = r$$

である．その理由を説明しよう．

まず，$\boldsymbol{A}'$ は $\boldsymbol{A}$ の左から正則行列である基本行列を有限回かけて得られるから，

$$\operatorname{rank} \boldsymbol{A} = \operatorname{rank} \boldsymbol{A}'$$

である．$\boldsymbol{A}'$ を列ベクトルによって $\boldsymbol{A}' = (\boldsymbol{a}'_1, \ldots, \boldsymbol{a}'_n)$ と表すとき，

$$\operatorname{Im} \boldsymbol{A}' = \mathbf{R}\boldsymbol{a}'_1 + \cdots + \mathbf{R}\boldsymbol{a}'_n$$

であるが，各 $\boldsymbol{a}'_j$ の第 r 成分より下の成分がすべて 0 であることから，$\operatorname{Im} \boldsymbol{A}'$ は明らかに $\boldsymbol{e}_1, \ldots, \boldsymbol{e}_r$ の生成する $\mathbf{R}^m$ の r 次元部分空間に含まれる．

$$\operatorname{Im} \boldsymbol{A}' \subset \mathbf{R}\boldsymbol{e}_1 + \cdots + \mathbf{R}\boldsymbol{e}_r$$

一方，ピボットのある列の番号を，$j_1, \ldots, j_r$ とすれば，

$$\boldsymbol{a}'_{j_k} = \boldsymbol{e}_k$$

となっているから，

$$\mathrm{Im}\,\boldsymbol{A}' \supset \mathbf{R}\boldsymbol{e}_1 + \cdots + \mathbf{R}\boldsymbol{e}_r$$

である．よって

$$\mathrm{Im}\,\boldsymbol{A}' = \mathbf{R}\boldsymbol{e}_1 + \cdots + \mathbf{R}\boldsymbol{e}_r$$

となり，$\mathrm{rank}\,A = \dim \mathrm{Im}\,\boldsymbol{A}' = r$ となる．

例 5.50　4×5 行列

$$\boldsymbol{A} = \begin{pmatrix} 1 & 2 & 3 & 4 & 5 \\ 2 & 3 & 4 & 5 & 6 \\ 3 & 4 & 5 & 6 & 7 \\ 4 & 5 & 6 & 7 & 8 \end{pmatrix}$$

のランクを求めてみよう．

$\boldsymbol{A}$ に掃き出しを行えば，途中経過で

$$\boldsymbol{A} \quad \Rightarrow \quad \begin{pmatrix} 1 & 2 & 3 & 4 & 5 \\ 0 & 1 & 2 & 3 & 4 \\ 0 & 0 & 0 & 0 & 0 \\ 0 & 0 & 0 & 0 & 0 \end{pmatrix}$$

となる．この段階で，ピボットの数は 2 と確定するので，これ以上掃き出しの操作を行うことなく，

$$\mathrm{rank}\,\boldsymbol{A} = 2$$

がわかる．

5.3.3　連立 1 次方程式とランク

$\boldsymbol{A}$ を $m \times n$ 行列とし，斉次連立 1 次方程式

$$\boldsymbol{A}\boldsymbol{x} = \boldsymbol{0} \tag{5.21}$$

を考えよう．

前項で示したように，rank $\boldsymbol{A}$ は掃き出しによって $\boldsymbol{A}$ をもっとも簡単な形に変形したときのゼロでない行の数であり，(5.21) における本質的な式の数と考えることができる．

一方，

$$\operatorname{Ker} \boldsymbol{A} = \{\, \boldsymbol{x} \in \mathbf{R}^n \mid \boldsymbol{A}\boldsymbol{x} = \boldsymbol{0} \,\}$$

は (5.21) の解空間であるから，dim Ker $\boldsymbol{A}$ は (5.21) の解空間の次元であり，これは解をパラメータ表示するために必要なパラメータの数でもある．この数を，(5.21) の解の自由度とよぶ．したがって，系 5.49 は，

$$(\text{本質的な式の数}) + (\text{解の自由度}) = n$$

ということを述べている．

具体例として，例 5.50 の 4×5 行列 $\boldsymbol{A}$ に対し，連立 1 次方程式

$$\boldsymbol{A}\boldsymbol{x} = \boldsymbol{0} \qquad (\boldsymbol{x} \in \mathbf{R}^5)$$

を考えよう．掃き出しを最後まで行えば，

$$\boldsymbol{A} \quad \Rightarrow \quad \boldsymbol{A}' = \begin{pmatrix} 1 & 0 & -1 & -2 & -3 \\ 0 & 1 & 2 & 3 & 4 \\ 0 & 0 & 0 & 0 & 0 \\ 0 & 0 & 0 & 0 & 0 \end{pmatrix}$$

となり，ピボットに対応しない変数に対し，

$$x_3 = t_1,\ x_4 = t_2,\ x_5 = t_3 \quad (t_1, t_2, t_3 \in \mathbf{R})$$

とパラメータを設定すれば，解

$$\begin{pmatrix} x_1 \\ x_2 \\ x_3 \\ x_4 \\ x_5 \end{pmatrix} = t_1 \begin{pmatrix} 1 \\ -2 \\ 1 \\ 0 \\ 0 \end{pmatrix} + t_2 \begin{pmatrix} 2 \\ -3 \\ 0 \\ 1 \\ 0 \end{pmatrix} + t_3 \begin{pmatrix} 3 \\ -4 \\ 0 \\ 0 \\ 1 \end{pmatrix}$$

を得る．ここで

$$\mathrm{rank}\,\boldsymbol{A} = 2$$

と

$$(\text{解の自由度}) = (\text{解空間の次元}) = (\text{パラメータの数}) = 3$$

を加えると，

$$(\text{変数の数}) = 5$$

となっている，というハナシである．

ついでに，非斉次の連立 1 次方程式についても，ここでまとめておこう．$\boldsymbol{A}$ を $m \times n$ 行列，$\boldsymbol{b}$ を m 次元列ベクトルとするとき，連立 1 次方程式

$$\boldsymbol{Ax} = \boldsymbol{b} \tag{5.22}$$

は 1.1.3 項で見たように，一般には解をもつとは限らない．

解が存在しない場合は，それ以上することは何もないので，解が一つは存在するとして，

$$\boldsymbol{x} = \boldsymbol{p}$$

を (5.22) の一つの解とする．これを特殊解 (particular solution) とよぶことがある．どの解でもよいのだから，特殊でもなんでもないのだが，一般解 (general solution) という言葉に対して，一般の解ではなく特別に一つとった解という意味で特殊解とよぶのである．このとき，

$$\boldsymbol{Ap} = \boldsymbol{b} \tag{5.23}$$

となっている．(5.22), (5.23) より

$$\boldsymbol{A}(\boldsymbol{x} - \boldsymbol{p}) = \boldsymbol{0}$$

であるから，

$$\boldsymbol{v} = \boldsymbol{x} - \boldsymbol{p}$$

とおけば，$\boldsymbol{v}$ は (5.22) に対応する斉次方程式

$$\boldsymbol{Av} = \boldsymbol{0} \tag{5.24}$$

の解である．

逆に $\boldsymbol{v}$ が斉次方程式 (5.24) の解のとき,

$$\boldsymbol{x} = \boldsymbol{p} + \boldsymbol{v}$$

とおけば,

$$\boldsymbol{A}\boldsymbol{x} = \boldsymbol{A}\boldsymbol{p} + \boldsymbol{A}\boldsymbol{v} = \boldsymbol{b} + \boldsymbol{0} = \boldsymbol{b}$$

であるから, $\boldsymbol{x}$ は非斉次方程式 (5.22) の解である.

以上をまとめると, 非斉次方程式 (5.22) の一般解は, 非斉次方程式 (5.22) の特殊解と, 対応する斉次方程式 (5.24) の一般解を加えて得られるということである.

具体例として,

$$\boldsymbol{A} = \begin{pmatrix} 1 & 2 & 3 & 4 & 5 \\ 2 & 3 & 4 & 5 & 6 \\ 3 & 4 & 5 & 6 & 7 \\ 4 & 5 & 6 & 7 & 8 \end{pmatrix} \qquad \boldsymbol{b} = \begin{pmatrix} 1 \\ 1 \\ 1 \\ 1 \end{pmatrix}$$

に対し, 連立 1 次方程式

$$\boldsymbol{A}\boldsymbol{x} = \boldsymbol{b} \qquad (\boldsymbol{x} \in \mathbf{R}^5) \tag{5.25}$$

を考えよう. 容易に確かめられるように,

$$\boldsymbol{p} = \begin{pmatrix} -1 \\ 1 \\ 0 \\ 0 \\ 0 \end{pmatrix} \in \mathbf{R}^5$$

は (5.25) の一つの解を与える. 斉次方程式

$$\boldsymbol{A}\boldsymbol{x} = \boldsymbol{0}$$

の一般解は上で計算した. この 2 つを加えることで, (5.25) の一般解

$$\begin{pmatrix} x_1 \\ x_2 \\ x_3 \\ x_4 \\ x_5 \end{pmatrix} = \begin{pmatrix} -1 \\ 1 \\ 0 \\ 0 \\ 0 \end{pmatrix} + t_1 \begin{pmatrix} 1 \\ -2 \\ 1 \\ 0 \\ 0 \end{pmatrix} + t_2 \begin{pmatrix} 2 \\ -3 \\ 0 \\ 1 \\ 0 \end{pmatrix} + t_3 \begin{pmatrix} 3 \\ -4 \\ 0 \\ 0 \\ 1 \end{pmatrix}$$

が得られる.

演　習　問　題

5.1　$\boldsymbol{W}$ をベクトル空間とし $\boldsymbol{U}, \boldsymbol{V}$ をその部分空間とするとき，$\boldsymbol{U}$ と $\boldsymbol{V}$ の交わり $\boldsymbol{U} \cap \boldsymbol{V}$ も部分空間であることを示せ.

5.2　$\mathbf{R}^3$ のベクトル

$$\boldsymbol{v}_1 = \begin{pmatrix} 1 \\ -1 \\ 0 \end{pmatrix} \quad \boldsymbol{v}_2 = \begin{pmatrix} 0 \\ 1 \\ -1 \end{pmatrix} \quad \boldsymbol{v}_3 = \begin{pmatrix} -1 \\ 0 \\ 1 \end{pmatrix}$$

に対して，(1) $\boldsymbol{v}_1, \boldsymbol{v}_2$ は 1 次独立か.　(2) $\boldsymbol{v}_1, \boldsymbol{v}_2, \boldsymbol{v}_3$ は 1 次独立か.
(3) $\boldsymbol{v}_1, \boldsymbol{v}_2, \boldsymbol{v}_3$ の 1 次結合として表すことができないベクトルを一つ挙げよ.

5.3　斉次 1 次方程式

$$x_1 + x_2 + x_3 = 0$$

の解空間を

$$\boldsymbol{V} = \{\, \boldsymbol{x} \in \mathbf{R}^3 \mid x_1 + x_2 + x_3 = 0 \,\}$$

とおく. $\boldsymbol{V}$ から $\mathbf{R}^2$ への線形写像 $f : \boldsymbol{V} \to \mathbf{R}^2$ を，$\boldsymbol{x} \in \boldsymbol{V}$ に対して

$$f(\boldsymbol{x}) = \begin{pmatrix} x_2 \\ x_3 \end{pmatrix}$$

によって定義すれば，f は $\boldsymbol{V}$ から $\mathbf{R}^2$ への線形同型写像であることを示せ.

5.4　行列

$$\boldsymbol{A} = \begin{pmatrix} 1 & 2 & 0 & 3 & 4 \\ 0 & 0 & 1 & 5 & 6 \\ 0 & 0 & 0 & 0 & 0 \end{pmatrix}$$

に対して，(1) $\operatorname{rank} \boldsymbol{A}$ を求めよ.　(2) $\dim \operatorname{Ker} \boldsymbol{A}$ を求めよ.

(3) $\mathrm{Im}\,\boldsymbol{A}$ の基底を求めよ． (4) $\mathrm{Ker}\,\boldsymbol{A}$ の基底を求めよ．

5.5 行列

$$\boldsymbol{A} = \begin{pmatrix} 1 & 2 & 2 \\ 2 & 2 & 2 \\ 3 & 2 & 2 \\ 4 & 2 & 2 \\ 5 & 2 & 2 \end{pmatrix}$$

に対して，(1) $\mathrm{rank}\,\boldsymbol{A}$ を求めよ． (2) $\dim \mathrm{Ker}\,\boldsymbol{A}$ を求めよ．
(3) $\mathrm{Im}\,\boldsymbol{A}$ の基底を求めよ． (4) $\mathrm{Ker}\,\boldsymbol{A}$ の基底を求めよ．

第6章

線形写像の行列表示と標準化

CHAPTER 6

6.1　線形写像の行列表示

$\boldsymbol{U}$ を n 次元ベクトル空間，$\boldsymbol{V}$ を m 次元ベクトル空間とし，

$$\boldsymbol{p}_1, \ldots, \boldsymbol{p}_n \ \in \boldsymbol{U}$$
$$\boldsymbol{q}_1, \ldots, \boldsymbol{q}_m \ \in \boldsymbol{V}$$

をそれぞれの基底とする．このとき 5.2.5 項で述べたように，それぞれの基底に関する成分表示によって $\boldsymbol{U} \cong \mathbf{R}^n$, $\boldsymbol{V} \cong \mathbf{R}^m$ となっている．

任意の線形写像

$$f : \boldsymbol{U} \longrightarrow \boldsymbol{V}$$

が与えられたとき，$f(\boldsymbol{p}_j)$ $(j = 1, \ldots, n)$ は $\boldsymbol{V}$ のベクトルであるから，基底 $\boldsymbol{q}_1, \ldots, \boldsymbol{q}_m$ の 1 次結合として一意的に

$$f(\boldsymbol{p}_j) = \sum_{i=1}^{m} a_{ij} \boldsymbol{q}_i$$

と表すことができる．こうして得られた係数によって $m \times n$ 行列 $\boldsymbol{A} = (a_{ij})$ を定める．このとき，任意のベクトル

$$\boldsymbol{u} = \sum_{j=1}^{n} x_j \boldsymbol{p}_j$$

に対して，

$$f(\boldsymbol{u}) = \sum_{j=1}^{n} x_j f(\boldsymbol{p}_j)$$

$$
\begin{aligned}
&= \sum_{j=1}^{n} x_j \left(\sum_{i=1}^{m} a_{ij} \boldsymbol{q}_i \right) \\
&= \sum_{i=1}^{m} \left(\sum_{j=1}^{n} a_{ij} x_j \right) \boldsymbol{q}_i
\end{aligned}
$$

となる．すなわち，基底 $\boldsymbol{p}_1, \ldots, \boldsymbol{p}_n$ に関する $\boldsymbol{u} \in \boldsymbol{U}$ の成分表示を

$$
\boldsymbol{x} = \begin{pmatrix} x_1 \\ \vdots \\ x_n \end{pmatrix} \in \mathbf{R}^n
$$

とするとき，基底 $\boldsymbol{q}_1, \ldots, \boldsymbol{q}_m$ に関する $f(\boldsymbol{u}) \in \boldsymbol{V}$ の成分表示は，

$$
\boldsymbol{A}\boldsymbol{x} \in \mathbf{R}^m
$$

である．この行列 $\boldsymbol{A}$ を，基底 $\boldsymbol{p}_1, \ldots, \boldsymbol{p}_n$ と $\boldsymbol{q}_1, \ldots, \boldsymbol{q}_m$ に関する f の行列表示とよぶ．

要するに，基底 $\boldsymbol{p}_1, \ldots, \boldsymbol{p}_n$ と $\boldsymbol{q}_1, \ldots, \boldsymbol{q}_m$ によって $\boldsymbol{U}$ と $\mathbf{R}^n$，$\boldsymbol{V}$ と $\mathbf{R}^m$ を同一視してしまえば，線形写像 $f: \boldsymbol{U} \to \boldsymbol{V}$ は $\mathbf{R}^n$ から $\mathbf{R}^m$ への写像になるが，それが行列 $\boldsymbol{A}$ を左からかける写像になるということである：

$$
\begin{array}{ccc}
\boldsymbol{U} & \xrightarrow{\ f\ } & \boldsymbol{V} \\
(\boldsymbol{p}_j) \Big\uparrow \cong & & (\boldsymbol{q}_i) \Big\uparrow \cong \\
\mathbf{R}^n & \xrightarrow{\ \phi_{\boldsymbol{A}}\ } & \boldsymbol{R}^m
\end{array}
$$

さらに，$\boldsymbol{W}$ を l 次元ベクトル空間，

$$
\boldsymbol{r}_1, \ldots, \boldsymbol{r}_l \ \in \boldsymbol{W}
$$

をその基底とし，線形写像

$$
g: \boldsymbol{V} \longrightarrow \boldsymbol{W}
$$

が与えられたとしよう．基底 $\boldsymbol{q}_1, \ldots, \boldsymbol{q}_m$ と $\boldsymbol{r}_1, \ldots, \boldsymbol{r}_l$ に関する g の行列表示を，$\boldsymbol{B} = (b_{ki})$ とする．すなわち，

$$
g(\boldsymbol{q}_i) = \sum_{k=1}^{l} b_{ki} \boldsymbol{r}_k
$$

である．

$$\begin{array}{ccccc} \boldsymbol{U} & \xrightarrow{f} & \boldsymbol{V} & \xrightarrow{g} & \boldsymbol{W} \\ (\boldsymbol{p}_j)\uparrow\cong & & (\boldsymbol{q}_i)\uparrow\cong & & (\boldsymbol{r}_k)\uparrow\cong \\ \mathbf{R}^n & \xrightarrow{\phi_{\boldsymbol{A}}} & \boldsymbol{R}^m & \xrightarrow{\phi_{\boldsymbol{B}}} & \mathbf{R}^l \end{array}$$

このとき，

$$\begin{aligned} g\circ f(\boldsymbol{p}_j) &= g(\sum_{i=1}^{m} a_{ij}\boldsymbol{q}_i) \\ &= \sum_{i=1}^{m} a_{ij} g(\boldsymbol{q}_i) \\ &= \sum_{i=1}^{m} a_{ij} \sum_{k=1}^{l} b_{ki}\boldsymbol{r}_k \\ &= \sum_{k=1}^{l}\left(\sum_{i=1}^{m} b_{ki}a_{ij}\right)\boldsymbol{r}_k \end{aligned}$$

であるが，ここで係数

$$\sum_{i=1}^{m} b_{ki}a_{ij}$$

は，行列 $\boldsymbol{BA}$ の (k,j) 成分であることに注意せよ．つまり，基底 $\boldsymbol{p}_1,\ldots,\boldsymbol{p}_n$ と $\boldsymbol{r}_1,\ldots,\boldsymbol{r}_l$ に関する合成写像 $g\circ f$ の行列表示は $\boldsymbol{BA}$ である．

なんとうまくできているんだと思うかも知れないが，実はこれが行列の積の本来の意味である．行列とは，線形写像を数値化したものであり，線形写像の合成に対応するように行列の積を定義したのである．

6.2　線形写像と行列の標準化

6.2.1　線形写像の標準化

$\boldsymbol{U}$ を n 次元ベクトル空間，$\boldsymbol{V}$ を m 次元ベクトル空間とするとき，線形写像

$$f:\boldsymbol{U}\longrightarrow\boldsymbol{V}$$

は行列によって表されるが，その行列は $\boldsymbol{U}$ と $\boldsymbol{V}$ の基底のとり方によるのであっ

た．そこで，基底をうまく選べば，f の行列表示をどこまで簡単な形にできるだろうか．その答えは次の定理で与えられる．

定理 6.1 n 次元ベクトル空間 $\boldsymbol{U}$ から m 次元ベクトル空間 $\boldsymbol{V}$ への線形写像 $f : \boldsymbol{U} \to \boldsymbol{V}$ のランクが $\operatorname{rank} f = r$ のとき，$\boldsymbol{U}$ と $\boldsymbol{V}$ の基底をうまく選ぶことにより，f の行列表示を

$$\boldsymbol{A} = \left(\begin{array}{c|c} \mathbf{1}_r & \mathbf{0} \\ \hline \mathbf{0} & \mathbf{0} \end{array}\right) \tag{6.1}$$

の形にすることができる．

証明 仮定より $\operatorname{Im} f$ は r 次元であるから，r 個のベクトルからなる基底 $\boldsymbol{q}_1, \ldots, \boldsymbol{q}_r$ が存在する．定理 5.17(3) に従い，これらに $\boldsymbol{V}$ のベクトル $\boldsymbol{q}_{r+1}, \ldots, \boldsymbol{q}_m$ を付け加えて

$$\boldsymbol{q}_1, \ldots, \boldsymbol{q}_r, \boldsymbol{q}_{r+1}, \ldots, \boldsymbol{q}_m \tag{6.2}$$

を $\boldsymbol{V}$ の基底としておく．定理 5.45 の証明によれば，$\boldsymbol{q}_1, \ldots, \boldsymbol{q}_r \in \operatorname{Im} f$ に対して，

$$f(\boldsymbol{p}_i) = \boldsymbol{q}_i \qquad (i = 1, \ldots, r)$$

となるように $\boldsymbol{p}_1, \ldots, \boldsymbol{p}_r \in \boldsymbol{U}$ をとるとき，これらに $\operatorname{Ker} f$ の基底 $\boldsymbol{p}_{r+1}, \ldots, \boldsymbol{p}_n$ を加えて

$$\boldsymbol{p}_1, \ldots, \boldsymbol{p}_r, \boldsymbol{p}_{r+1}, \ldots, \boldsymbol{p}_n \tag{6.3}$$

が $\boldsymbol{U}$ の基底となるようにできるのであった．

f の行列表示 $\boldsymbol{A} = (a_{ij})$ は，

$$f(\boldsymbol{p}_j) = \sum_{i=1}^{m} a_{ij} \boldsymbol{q}_i$$

によって係数 a_{ij} を定めたことを思い出そう．基底 (6.3) のベクトルを f で写せば，

$$f(\boldsymbol{p}_j) = \begin{cases} \boldsymbol{q}_j & (j = 1, \ldots, r) \\ \mathbf{0} & (j = r+1, \ldots, n) \end{cases}$$

となっているから，f の行列表示は (6.1) の形になる．(証明終)

6.2.2 行列の標準化

$m \times n$ 行列 $\boldsymbol{A}$ が与えられたとする．$\boldsymbol{A}$ が定める線形写像

$$\phi_{\boldsymbol{A}} : \mathbf{R}^n \longrightarrow \mathbf{R}^m \qquad \phi_{\boldsymbol{A}}(\boldsymbol{x}) = \boldsymbol{A}\boldsymbol{x} \quad (\boldsymbol{x} \in \mathbf{R}^n)$$

の標準基底に関する行列表示は，$\boldsymbol{A}$ 自身に他ならない．しかし，$\mathbf{R}^n$ だからといって標準基底以外の基底を使っていけない決まりがあるわけではない．

$\mathbf{R}^n$ の基底

$$\boldsymbol{p}_1, \ldots, \boldsymbol{p}_n \tag{6.4}$$

と $\mathbf{R}^m$ の基底

$$\boldsymbol{q}_1, \ldots, \boldsymbol{q}_m \tag{6.5}$$

を任意に与えたとき，基底 (6.4) と (6.5) に関する $\phi_{\boldsymbol{A}}$ の行列表示 $\boldsymbol{A}'$ を求めよう．行列表示の定義より，

$$\phi_{\boldsymbol{A}}(\boldsymbol{p}_j) = \boldsymbol{A}\boldsymbol{p}_j = \sum_{i=1}^{m} \boldsymbol{A}'_{ij}\boldsymbol{q}_i$$

である．基底 (6.4) と (6.5) の列ベクトルを横に並べて得られる行列をそれぞれ

$$\boldsymbol{P} = (\boldsymbol{p}_1, \ldots, \boldsymbol{p}_n)$$
$$\boldsymbol{Q} = (\boldsymbol{q}_1, \ldots, \boldsymbol{q}_m)$$

とすれば，上式は

$$\boldsymbol{A}\boldsymbol{P} = \boldsymbol{Q}\boldsymbol{A}'$$

と書くことができる．定理 5.43 により，$\boldsymbol{P}, \boldsymbol{Q}$ はそれぞれ正則行列であるから，

$$\boldsymbol{A}' = \boldsymbol{Q}^{-1}\boldsymbol{A}\boldsymbol{P}$$

である．したがって，定理 6.1 より次が成り立つ．

定理 6.2 $m \times n$ 行列 $\boldsymbol{A}$ が与えられ，$\operatorname{rank} \boldsymbol{A} = r$ であるとする．このとき，n 次正則行列 $\boldsymbol{P}$ と m 次正則行列 $\boldsymbol{Q}$ をうまく選んで，

$$Q^{-1}AP = \left(\begin{array}{c|c} \mathbf{1}_r & \mathbf{0} \\ \hline \mathbf{0} & \mathbf{0} \end{array}\right)$$

とすることができる.

6.3 線形変換の対角化と標準形

n 次元ベクトル空間 $\boldsymbol{V}$ から自分自身への線形写像

$$f : \boldsymbol{V} \longrightarrow \boldsymbol{V}$$

を $\boldsymbol{V}$ の線形変換とよぶ. 線形変換 f の行列表示について考えよう.

もし定義域の $\boldsymbol{V}$ と値域の $\boldsymbol{V}$ で別々の基底をとって f の行列表示を考えるのであれば, 前節と同じことになるが, 同じベクトル空間なのだから, 基底は一つで考えたい. すなわち, 基底

$$\boldsymbol{v}_1, \ldots, \boldsymbol{v}_n \in \boldsymbol{V}$$

をうまくとって f の行列表示をなるべく簡単にする, という問題を考える.

そのためには少し準備が必要である.

6.3.1 固有値と固有ベクトル

定義 6.3 (線形変換の固有値) $f : \boldsymbol{V} \to \boldsymbol{V}$ をベクトル空間 $\boldsymbol{V}$ の線形変換とする. 実数 $\lambda \in \mathbf{R}$ に対して,

$$f(\boldsymbol{v}) = \lambda \boldsymbol{v} \quad (\boldsymbol{v} \neq \mathbf{0})$$

となるベクトル $\boldsymbol{v} \in \boldsymbol{V}$ が存在するとき, λ は f の固有値 (eigenvalue) であるという. また, そのとき, $\boldsymbol{v}$ は固有値 λ に付随する f の固有ベクトル (eigenvector) であるという.

固有値 λ に付随する f の固有ベクトルどうしの 1 次結合は, それがゼロベクトルでない限り, すべて固有値 λ に付随する f の固有ベクトルとなる. とくに, $\boldsymbol{v}$ が固有値 λ に付随する f の固有ベクトルのとき, $\boldsymbol{v}$ の 0 でない定数倍 $c\boldsymbol{v}$ $(c \neq 0)$ もすべて λ に付随する固有ベクトルであるから, 固有値を指定した

とき，付随する固有ベクトルは一つには決まらないことに注意する必要がある．

n 次正方行列 $\boldsymbol{A}$ に対して，$\boldsymbol{A}$ の定める線形写像

$$\phi_{\boldsymbol{A}} : \mathbf{R}^n \longrightarrow \mathbf{R}^n$$

を考え，その固有値・固有ベクトルを，行列 $\boldsymbol{A}$ の固有値・固有ベクトルとよぶ．すなわち，

定義 6.4 (行列の固有値)　$\boldsymbol{A}$ を n 次正方行列とする．実数 $\lambda \in \mathbf{R}$ に対して

$$\boldsymbol{A}\boldsymbol{v} = \lambda\boldsymbol{v} \quad (\boldsymbol{v} \neq \mathbf{0})$$

となる列ベクトル $\boldsymbol{v} \in \mathbf{R}^n$ が存在するならば，λ は行列 $\boldsymbol{A}$ の固有値であるという．また，そのとき，$\boldsymbol{v}$ は固有値 λ に付随する $\boldsymbol{A}$ の固有ベクトルであるという．

行列 $\boldsymbol{A}$ の固有値の条件式は

$$(\lambda\mathbf{1} - \boldsymbol{A})\boldsymbol{v} = \mathbf{0} \quad (\boldsymbol{v} \neq \mathbf{0})$$

と書き直すことができるが，これは n 次正方行列 $\lambda\mathbf{1} - \boldsymbol{A}$ の核が自明でないことを意味する．定理 3.25 と定理 5.43 によれば，その条件は，

$$\det(\lambda\mathbf{1} - \boldsymbol{A}) = 0$$

と同値である．つまり，n 次正方行列 $\boldsymbol{A}$ の固有値というのは，方程式

$$\det(t\mathbf{1} - \boldsymbol{A}) = 0 \tag{6.6}$$

の解のことである．この式の左辺は変数 t に関する n 次式であるが，これを $\boldsymbol{A}$ の固有多項式 (characteristic polynomial) とよぶ．また，方程式 (6.6) を $\boldsymbol{A}$ の固有方程式 (characteristic equation) とよぶ．これは n 次方程式であるから，高々 n 個の固有値が存在する．

具体例で説明しよう．

例題 6.5　3 次正方行列

$$A = \begin{pmatrix} 1 & -1 & 1 \\ 2 & 1 & -2 \\ 2 & -1 & 0 \end{pmatrix}$$

の固有値と固有ベクトルを求めよ．

〔解〕$\boldsymbol{A}$ の固有多項式は

$$\begin{aligned} \det(t\mathbf{1} - \boldsymbol{A}) &= \det \begin{pmatrix} t-1 & 1 & -1 \\ -2 & t-1 & 2 \\ -2 & 1 & t \end{pmatrix} \\ &= t^3 - 2t^2 - t + 2 \\ &= (t-2)(t-1)(t+1) \end{aligned}$$

であるから，$\boldsymbol{A}$ の固有値は

$$\lambda_1 = 2, \quad \lambda_2 = 1 \quad \lambda_3 = -1$$

となる．

固有値 $\lambda_1 = 2$ に付随する固有ベクトルを求めるには，方程式

$$(\lambda_1 \mathbf{1} - \boldsymbol{A})\boldsymbol{v} = \begin{pmatrix} 1 & 1 & -1 \\ -2 & 1 & 2 \\ -2 & 1 & 2 \end{pmatrix} \begin{pmatrix} v_1 \\ v_2 \\ v_3 \end{pmatrix} = \begin{pmatrix} 0 \\ 0 \\ 0 \end{pmatrix}$$

の解を求めればよい．これを掃き出し法で解けば，解は

$$\begin{pmatrix} v_1 \\ v_2 \\ v_3 \end{pmatrix} = a \begin{pmatrix} 1 \\ 0 \\ 1 \end{pmatrix} \qquad (a \in \mathbf{R})$$

となるから，固有値 $\lambda_1 = 2$ に付随する固有ベクトルとして，

$$\boldsymbol{v}_1 = \begin{pmatrix} 1 \\ 0 \\ 1 \end{pmatrix}$$

をとることができる．固有値 $\lambda_2 = 1$，$\lambda_3 = -1$ に付随する固有ベクトルについても，それぞれ方程式

$$(\lambda_2 \mathbf{1} - \boldsymbol{A})\boldsymbol{v} = \mathbf{0}$$

$$(\lambda_3 \mathbf{1} - \boldsymbol{A})\boldsymbol{v} = \mathbf{0}$$

を解いて，

$$\boldsymbol{v}_2 = \begin{pmatrix} 1 \\ 1 \\ 1 \end{pmatrix} \qquad \boldsymbol{v}_3 = \begin{pmatrix} 0 \\ 1 \\ 1 \end{pmatrix}$$

を得る．

6.3.2 正方行列と線形変換の対角化

$\boldsymbol{A}$ を n 次正方行列とする．

$$\lambda_1, \ldots, \lambda_n$$

を $\boldsymbol{A}$ の固有値とし，それぞれの固有値に付随する f の固有ベクトルを

$$\boldsymbol{p}_1, \ldots, \boldsymbol{p}_n \tag{6.7}$$

とする．すなわち，

$$\boldsymbol{A}\boldsymbol{p}_i = \lambda_i \boldsymbol{p}_i \qquad (i = 1, \ldots, n) \tag{6.8}$$

である．

固有ベクトル (6.7) を並べて得られる n 次正方行列を

$$\boldsymbol{P} = (\boldsymbol{p}_1, \ldots, \boldsymbol{p}_n)$$

とし，固有値 $\lambda_1, \ldots, \lambda_n$ を対角成分とする対角行列を

$$\boldsymbol{\Lambda} = \begin{pmatrix} \lambda_1 & & 0 \\ & \ddots & \\ 0 & & \lambda_n \end{pmatrix}$$

とおくと，(6.8) は次のように書き直すことができる．

$$\boldsymbol{A}\boldsymbol{P} = \boldsymbol{P}\boldsymbol{\Lambda}$$

ここで，固有ベクトル (6.7) が 1 次独立であれば，定理 5.43 により $\boldsymbol{P}$ は正則行列であって，

$$\boldsymbol{P}^{-1}\boldsymbol{A}\boldsymbol{P} = \boldsymbol{\varLambda}$$

となる．これを，$\boldsymbol{A}$ は正則行列 $\boldsymbol{P}$ によって対角化される，といい表す．また，このとき，行列 $\boldsymbol{A}$ は対角化可能であるという．

逆に，正方行列 $\boldsymbol{A}$ が対角化可能であって，正則行列 $\boldsymbol{P}$ によって $\boldsymbol{P}^{-1}\boldsymbol{A}\boldsymbol{P} = \boldsymbol{\varLambda}$ が対角行列になるとすると，上の議論を逆にたどることにより，$\boldsymbol{\varLambda}$ の対角成分が $\boldsymbol{A}$ の固有値であり，行列 $\boldsymbol{P}$ の各列がそれらの固有値に付随する固有ベクトルとなっていることが確かめられる．

定理 6.6 n 次正方行列 $\boldsymbol{A}$ が，n 個の互いに相異なる固有値

$$\lambda_1, \ldots, \lambda_n$$

をもつとする．このとき，それぞれの固有値に付随する $\boldsymbol{A}$ の固有ベクトルを一つずつとって，

$$\boldsymbol{p}_1, \cdots, \boldsymbol{p}_n$$

とすれば，これらは 1 次独立である．したがって，それらを並べて得られる n 次正方行列

$$\boldsymbol{P} = (\boldsymbol{p}_1, \ldots, \boldsymbol{p}_n)$$

は正則行列であり，$\boldsymbol{A}$ は正則行列 $\boldsymbol{P}$ により，

$$\boldsymbol{P}^{-1}\boldsymbol{A}\boldsymbol{P} = \boldsymbol{\varLambda} \equiv \begin{pmatrix} \lambda_1 & & 0 \\ & \ddots & \\ 0 & & \lambda_n \end{pmatrix}$$

と対角化される．

証明 固有ベクトル $\boldsymbol{p}_1, \ldots, \boldsymbol{p}_n$ が 1 次独立であることを示すために，$c_1, \ldots, c_n \in \mathbf{R}$ に対して

$$\sum_{j=1}^{n} c_j \boldsymbol{p}_j = \boldsymbol{0} \tag{6.9}$$

と仮定しよう．これに $\boldsymbol{A}$ を次々とかけてゆくと，

$$\sum_{j=1}^{n} \lambda_j c_j \boldsymbol{p}_j = \boldsymbol{0}$$
$$\sum_{j=1}^{n} \lambda_j^2 c_j \boldsymbol{p}_j = \boldsymbol{0}$$
$$\vdots$$
$$\sum_{j=1}^{n} \lambda_j^{n-1} c_j \boldsymbol{p}_j = \boldsymbol{0}$$

となる.

$$\boldsymbol{P}' = (c_1\boldsymbol{p}_1, \ldots, c_n\boldsymbol{p}_n)$$

と書けば，これらの式はまとめて，

$$\boldsymbol{P}'\boldsymbol{W} = \boldsymbol{0} \tag{6.10}$$

と書くことができる．ここで，$\boldsymbol{W}$ はファンデルモンドの行列

$$\boldsymbol{W} = \begin{pmatrix} 1 & \lambda_1 & \ldots & \lambda_1^{n-1} \\ \vdots & \vdots & \vdots & \vdots \\ 1 & \lambda_n & \ldots & \lambda_n^{n-1} \end{pmatrix}$$

である．命題 3.21 で示したように，

$$\det \boldsymbol{W} = \prod_{i>j} (\lambda_i - \lambda_j)$$

であるが，仮定によりすべての固有値 $\lambda_1, \ldots \lambda_n$ が相異なるので，

$$\det \boldsymbol{W} \neq 0$$

となり，$\boldsymbol{W}$ は正則行列である．(6.10) の右から $\boldsymbol{W}^{-1}$ をかければ，

$$\boldsymbol{P}' = (c_1\boldsymbol{p}_1, \ldots, c_n\boldsymbol{p}_n) = \boldsymbol{0}$$

となるが，$\boldsymbol{p}_1, \ldots, \boldsymbol{p}_n$ はいずれもゼロベクトルではないので，

$$c_1 = \cdots = c_n = 0$$

となる．よって，$\boldsymbol{p}_1, \ldots, \boldsymbol{p}_n$ は 1 次独立である．(証明終)

例 6.7 定理 6.6 を例題 6.5 の 3 次正方行列 $\boldsymbol{A}$ に適用してみよう.

$\boldsymbol{A}$ の 3 つの固有値は異なるので，固有ベクトルを並べて得られる 3 次正方行列

$$\boldsymbol{P} = (\boldsymbol{v}_1, \boldsymbol{v}_2, \boldsymbol{v}_3) = \begin{pmatrix} 1 & 1 & 0 \\ 0 & 1 & 1 \\ 1 & 1 & 1 \end{pmatrix}$$

は正則行列であって，$\boldsymbol{A}$ は

$$\boldsymbol{P}^{-1}\boldsymbol{A}\boldsymbol{P} = \boldsymbol{\Lambda} = \begin{pmatrix} 2 & 0 & 0 \\ 0 & 1 & 0 \\ 0 & 0 & -1 \end{pmatrix}$$

と対角化される.

これを用いると，次のようにして，$\boldsymbol{A}$ のベキ乗を計算することができる.

$$\begin{aligned}
\boldsymbol{A}^n &= (\boldsymbol{P}\boldsymbol{\Lambda}\boldsymbol{P}^{-1})^n \\
&= \boldsymbol{P}\boldsymbol{\Lambda}\boldsymbol{P}^{-1}\boldsymbol{P}\boldsymbol{\Lambda}\boldsymbol{P}^{-1}\cdots\boldsymbol{P}\boldsymbol{\Lambda}\boldsymbol{P}^{-1} \\
&= \boldsymbol{P}\boldsymbol{\Lambda}^n\boldsymbol{P}^{-1} \\
&= \begin{pmatrix} 1 & 1 & 0 \\ 0 & 1 & 1 \\ 1 & 1 & 1 \end{pmatrix} \begin{pmatrix} 2^n & 0 & 0 \\ 0 & 1 & 0 \\ 0 & 0 & (-1)^n \end{pmatrix} \begin{pmatrix} 0 & -1 & 1 \\ 1 & 1 & -1 \\ -1 & 0 & 1 \end{pmatrix} \\
&= \begin{pmatrix} 1 & -2^n+1 & 2^n-1 \\ 1-(-1)^n & 1 & -1+(-1)^n \\ 1-(-1)^n & -2^n+1 & 2^n-1+(-1)^n \end{pmatrix}
\end{aligned}$$

例 6.8 (フィボナッチ数列) 漸化式と初期条件

$$\begin{cases} a_n = a_{n-1} + a_{n-2} \quad (n \geq 2) \\ a_0 = 0, \quad a_1 = 1 \end{cases}$$

で定義される数列 $(a_n)_{n=0,1,2,\ldots}$ をフィボナッチ数列とよぶ.

$$\boldsymbol{A} = \begin{pmatrix} 1 & 1 \\ 1 & 0 \end{pmatrix}$$

とおくと，

$$\begin{pmatrix} a_n \\ a_{n-1} \end{pmatrix} = \boldsymbol{A} \begin{pmatrix} a_{n-1} \\ a_{n-2} \end{pmatrix} = \boldsymbol{A}^2 \begin{pmatrix} a_{n-2} \\ a_{n-3} \end{pmatrix} = \cdots = \boldsymbol{A}^{n-1} \begin{pmatrix} 1 \\ 0 \end{pmatrix}$$

だから，$\boldsymbol{A}$ のベキ乗を計算することによりフィボナッチ数列の一般項が求められる．

$\boldsymbol{A}$ の固有方程式は，

$$\det \begin{pmatrix} t-1 & -1 \\ -1 & t \end{pmatrix} = t^2 - t - 1 = 0$$

であり，よって $\boldsymbol{A}$ の固有値は，

$$\lambda_+ = \frac{1+\sqrt{5}}{2}, \qquad \lambda_- = \frac{1-\sqrt{5}}{2}$$

の 2 つである．これらは異なるので $\boldsymbol{A}$ は対角化可能である．固有値 $\lambda_\pm$ に付随する $\boldsymbol{A}$ の固有ベクトルは，方程式

$$\begin{pmatrix} \lambda_\pm - 1 & -1 \\ -1 & \lambda_\pm \end{pmatrix} \begin{pmatrix} p_1 \\ p_2 \end{pmatrix} = \begin{pmatrix} 0 \\ 0 \end{pmatrix}$$

を解いて，それぞれ，

$$\boldsymbol{p}_+ = \begin{pmatrix} \lambda_+ \\ 1 \end{pmatrix}, \qquad \boldsymbol{p}_- = \begin{pmatrix} \lambda_- \\ 1 \end{pmatrix}$$

としてよい．

$$\boldsymbol{P} = (\boldsymbol{p}_+, \boldsymbol{p}_-) = \begin{pmatrix} \lambda_+ & \lambda_- \\ 1 & 1 \end{pmatrix}, \qquad \boldsymbol{\Lambda} = \begin{pmatrix} \lambda_+ & 0 \\ 0 & \lambda_- \end{pmatrix}$$

とおけば，

$$\boldsymbol{A} = \boldsymbol{P}\boldsymbol{\Lambda}\boldsymbol{P}^{-1}$$

だから，

$$\boldsymbol{A}^{n-1} = \boldsymbol{P}\boldsymbol{\Lambda}^{n-1}\boldsymbol{P}^{-1}$$

$$= \frac{1}{\lambda_+ - \lambda_-} \begin{pmatrix} \lambda_+ & \lambda_- \\ 1 & 1 \end{pmatrix} \begin{pmatrix} \lambda_+^{n-1} & 0 \\ 0 & \lambda_-^{n-1} \end{pmatrix} \begin{pmatrix} 1 & -\lambda_- \\ -1 & \lambda_+ \end{pmatrix}$$

であり，この $(1,1)$ 成分を計算して，

$$\begin{aligned} a_n &= \frac{\lambda_+^n - \lambda_-^n}{\lambda_+ - \lambda_-} \\ &= \frac{1}{\sqrt{5}}\left(\left(\frac{1+\sqrt{5}}{2}\right)^n - \left(\frac{1-\sqrt{5}}{2}\right)^n\right) \qquad (n \geq 1) \end{aligned}$$

が得られる．

定理 6.6 は，行列に関して述べられているが，これを線形変換について述べ直せば次の定理となる．

定理 6.9 n 次元ベクトル空間 $\boldsymbol{V}$ の変換

$$f : \boldsymbol{V} \longrightarrow \boldsymbol{V}$$

が n 個の互いに相異なる固有値

$$\lambda_1, \ldots, \lambda_n$$

をもつとする．このとき，それぞれの固有値に付随する f の固有ベクトルを一つずつとって，

$$\boldsymbol{p}_1, \ldots, \boldsymbol{p}_n$$

とすれば，これらは $\boldsymbol{V}$ の基底となる．このとき，基底 $\boldsymbol{p}_1, \ldots, \boldsymbol{p}_n$ に関する f の行列表示は，固有値 λ_i を対角成分とする対角行列となる．

6.3.3 複素行列・複素ベクトル空間

n 次正方行列 $\boldsymbol{A}$ が与えられたとき，その固有方程式は n 次式であった．それが n 個の解をもち n 個の 1 次独立な固有ベクトルが存在すれば，6.3.2 項で見たように，$\boldsymbol{A}$ は対角化可能であり，応用上非常に扱いやすい．しかし，一般に，n 次方程式は n 個の実数解をもつとは限らない．

一方，代数学の基本定理によれば，解の範囲を実数から複素数まで拡げれば，n 次方程式は重複度も含めて必ず n 個の解をもつ．それならば，複素数の固有

値や複素数係数の行列を考えて，複素数の範囲で $\boldsymbol{A}$ を対角化できないだろうか，という発想が起きる．

本項では，行列やベクトル空間の概念を複素数の範囲に拡げるとどうなるかを述べる．とはいっても，その内容は考え方をおおざっぱに述べた「おはなし」に過ぎない．これを読んで興味をもたれた読者は，是非，より専門的な教科書によって，数学的に厳密な理論を学んで欲しい．

さて，第 2 章，第 3 章において，行列の和・スカラー倍・積や行列式を定義し，その諸性質を証明する際に使った実数の性質は，一言でいえば，四則演算が自由に行えるということだけである．実数どうしの大小関係や実数の連続性といった性質は一切使っていないことに注意しよう．

一般に，集合 K において 2 種類の演算，加法と乗法が定義されていて次の (1)∼(3) が成り立つとき，K は体 (field) であるという．

(1) 加法

$$K \times K \longrightarrow K \qquad (a,b) \mapsto a+b$$

について結合法則，交換法則が成り立ち，単位元 0 が存在し，各元が逆元をもつ．すなわち，K は加法に関して可換群である．

(2) 乗法

$$K \times K \longrightarrow K \qquad (a,b) \mapsto ab$$

について，結合法則，交換法則が成り立ち，単位元 1 が存在し，0 以外の各元が逆元をもつ．したがって，$K-\{0\}$ は乗法に関して可換群である．

(3) 加法と乗法に関する分配法則が成り立つ．

すなわち，足し算，引き算，かけ算と，0 以外の数による割り算が自由に行えるとき，体というのである．体の例としては，有理数全体からなる有理数体 $\mathbf{Q}$，実数全体からなる実数体 $\mathbf{R}$，複素数全体からなる複素数体 $\mathbf{C}$ などがある．以下 K は，有理数体 $\mathbf{Q}$，実数体 $\mathbf{R}$，複素数体 $\mathbf{C}$ のような体を表すものとする．

第 2 章の行列の定義では，行列の要素はすべて実数と仮定したが，体 K の元を要素とする行列を考えても，和・スカラー倍・積がまったく同じ式によって定義でき，結合法則や分配法則などの諸性質が成り立つ．また，第 3 章における行列式も K の元を要素とする正方行列に対して定義でき，行列式に関する諸定理が同様に成り立つ．

第5章のベクトル空間の定義において，実数体 $\mathbf{R}$ をすべて体 K に置き換えて得られる概念を，体 K 上のベクトル空間とよぶ．とくに，複素数体 $\mathbf{C}$ 上のベクトル空間は複素ベクトル空間とよばれる．これに対し，元来の，$\mathbf{R}$ 上のベクトル空間のことを実ベクトル空間とよぶことがある．K 上のベクトル空間においても，1次結合，1次独立，基底などの概念がまったく同様に定義でき，K 上の n 次元ベクトル空間は，パラメータ表示によって n 次元列ベクトル空間 K^n と同型になる．第6章における線形写像の行列表示も同様に行うことができて，K 線形写像の表示は，K の元を要素とする行列になる．

ただし，第4章で述べた，ベクトルの長さ，内積，直交行列などの概念については注意が必要である．というのは，実数係数の列ベクトル $\boldsymbol{v} \in \mathbf{R}^n$ については，

$$|\boldsymbol{v}| = \sqrt{v_1^2 + \cdots + v_n^2} = 0 \qquad \Longleftrightarrow \qquad \boldsymbol{v} = \mathbf{0}$$

が成り立ったが，複素数係数の場合はこれが成り立たないからである．そこで，複素数係数で考える場合は，ベクトルの長さの定義を

$$|\boldsymbol{v}| = \sqrt{|v_1|^2 + \cdots + |v_n|^2} = \sqrt{v_1\overline{v_1} + \cdots + v_n\overline{v_n}}$$

のように変更し，これに応じて内積の定義も

$$\boldsymbol{u} \cdot \boldsymbol{v} = u_1\overline{v_1} + \cdots + u_n\overline{v_n}$$

と変更する．これをエルミット内積 (Hermitian inner product) とよぶ．直交行列に対応するのは，条件

$$\overline{{}^t\!\boldsymbol{A}}\boldsymbol{A} = \mathbf{1}$$

を満たす行列であり，それらはユニタリ行列 (unitary matrix) とよばれる．

以上で述べたように，線形代数のほとんどの概念は，一般の体 K 上で定義し，証明することができる．このように，行列やベクトル空間の概念を拡張しておけば，複素数の固有値や，複素数係数の固有ベクトルといった概念を自然に扱うことができるのである．実数の範囲では固有値が求まらない場合でも，複素数の範囲まで拡げることにより重複も含めて必ず n 個の固有値が存在し，n 個の1次独立な固有ベクトルをとることができる場合には対角化が可能とな

る．とくに，n 個の固有値がすべて相異なる場合には，必ず対角化可能であることが，定理 6.6 と同様にして証明される．

定理 6.10 複素数を要素とする n 次正方行列 $\boldsymbol{A}$ の n 個の固有値

$$\lambda_1, \ldots, \lambda_n$$

が相異なるとき，それぞれの固有値に付随する $\boldsymbol{A}$ の固有ベクトルを一つずつとって，

$$\boldsymbol{p}_1, \cdots, \boldsymbol{p}_n$$

とすれば，これらは 1 次独立であって，列ベクトル空間 $\mathbf{C}^n$ の基底をなす．それらを並べて得られる n 次正方行列

$$\boldsymbol{P} = (\boldsymbol{p}_1, \cdots, \boldsymbol{p}_n)$$

は正則行列であり，

$$\boldsymbol{P}^{-1}\boldsymbol{A}\boldsymbol{P}$$

は固有値 $\lambda_1, \ldots, \lambda_n$ を対角成分とする対角行列になる．

例 6.11 2 次正方行列

$$\boldsymbol{A} = \begin{pmatrix} 2 & -1 \\ 1 & 2 \end{pmatrix}$$

を，複素行列を用いて対角化しよう．

$\boldsymbol{A}$ の固有方程式は，

$$\det \begin{pmatrix} t-2 & 1 \\ -1 & t-2 \end{pmatrix} = t^2 - 4t - 5 = 0$$

であり，よって $\boldsymbol{A}$ の固有値は，

$$\lambda_+ = 2 + \boldsymbol{i}, \qquad \lambda_- = 2 - \boldsymbol{i}$$

の 2 つである．固有値 $\lambda_\pm$ に付随する $\boldsymbol{A}$ の固有ベクトルは，方程式

$$\begin{pmatrix} \lambda_\pm - 2 & 1 \\ -1 & \lambda_\pm - 2 \end{pmatrix} \begin{pmatrix} p_1 \\ p_2 \end{pmatrix} = \begin{pmatrix} 0 \\ 0 \end{pmatrix}$$

を解いて，それぞれ，

$$\boldsymbol{p}_+ = \begin{pmatrix} \boldsymbol{i} \\ 1 \end{pmatrix}, \qquad \boldsymbol{p}_- = \begin{pmatrix} -\boldsymbol{i} \\ 1 \end{pmatrix}$$

としてよい．

$$\boldsymbol{P} = (\boldsymbol{p}_+, \boldsymbol{p}_-) = \begin{pmatrix} \boldsymbol{i} & -\boldsymbol{i} \\ 1 & 1 \end{pmatrix}, \qquad \boldsymbol{\varLambda} = \begin{pmatrix} \lambda_+ & 0 \\ 0 & \lambda_- \end{pmatrix}$$

とおけば，

$$\boldsymbol{P}^{-1}\boldsymbol{A}\boldsymbol{P} = \boldsymbol{\varLambda}$$

となり，$\boldsymbol{A}$ が対角化された．

6.3.4　ジョルダン標準形

$\boldsymbol{A}$ を，複素数を要素とする n 次正方行列とする．これには要素が実数の場合も含まれることに注意しよう．これまでは，もっぱら $\boldsymbol{A}$ の n 個の固有値がすべて異なる場合を扱ってきたが，固有多項式が重根をもつ場合ももちろん存在する．その場合でも，各固有値に対して重複度の数だけ 1 次独立な固有ベクトルをとることができれば，$\boldsymbol{A}$ は対角化可能なのだが，一般には各固有値に対して保証される 1 次独立な固有ベクトルは 1 個だけであり，$\boldsymbol{A}$ が対角化不可能な場合も存在する．

$\boldsymbol{A}$ の固有値に重複があって対角化不可能な場合に，どこまで $\boldsymbol{P}^{-1}\boldsymbol{A}\boldsymbol{P}$ を簡単な形にできるか，という問題は，本書では紙数の関係で証明を詳しく述べることができないが，その答はジョルダン標準形 (Jordan normal form) とよばれ，次のような形で述べることができる．

定理 6.12 (ジョルダン標準形)　$\boldsymbol{A}$ を複素数を要素とする任意の n 次正方行列とするとき，n 次正則行列 $\boldsymbol{P}$ をうまくとって，

$$
P^{-1}AP = \begin{pmatrix} \boxed{J_1} & & & 0 \\ & \boxed{J_2} & & \\ & & \ddots & \\ 0 & & & \boxed{J_k} \end{pmatrix}
$$

とすることができる．ここで，$J_1, \ldots, J_k$ はジョルダンブロックとよばれる正方行列で，対角成分がすべて λ_i，その一つ右の成分がすべて 1 で，その他の成分がすべて 0 である．

$$
J_i = \begin{pmatrix} \lambda_i & 1 & & 0 \\ & \lambda_i & \ddots & \\ & & \ddots & 1 \\ 0 & & & \lambda_i \end{pmatrix}
$$

上の定理で，ジョルダンブロック J_i の大きさを n_i とすると，$\boldsymbol{A}$ の固有値は，繰り返しを含めて

$$
\underbrace{\lambda_1, \ldots, \lambda_1}_{n_1 \text{個}}, \underbrace{\lambda_2, \ldots, \lambda_2}_{n_2 \text{個}}, \ldots, \underbrace{\lambda_k, \ldots, \lambda_k}_{n_k \text{個}},
$$

である．ここで，$\lambda_1, \ldots, \lambda_k$ の中に重複がある場合もあることに注意が必要である．

定理 6.12 より，たとえば，2 次正方行列 $\boldsymbol{A}$ の標準形は，次のいずれかの形になる．

$$
\begin{pmatrix} \boxed{\lambda_1} & 0 \\ 0 & \boxed{\lambda_2} \end{pmatrix}, \qquad \begin{pmatrix} \lambda & 1 \\ 0 & \lambda \end{pmatrix}
$$

左は，1 次ジョルダンブロック 2 つに分かれる場合であり，つまり，対角化可能な場合に対応している．この中には $\lambda_1 = \lambda_2$ の場合も含まれることに注意せよ．一方，右は 2 次のジョルダンブロック一つからなる場合で，この場合は $\boldsymbol{A}$ を対角化することはできない．

同様に，3 次正方行列 $\boldsymbol{A}$ のジョルダン標準形は，次のいずれかの形になる．

$$\begin{pmatrix} \lambda_1 & 0 & 0 \\ 0 & \lambda_2 & 0 \\ 0 & 0 & \lambda_3 \end{pmatrix}, \qquad \begin{pmatrix} \lambda_1 & 1 & 0 \\ 0 & \lambda_1 & 0 \\ 0 & 0 & \lambda_2 \end{pmatrix}, \qquad \begin{pmatrix} \lambda & 1 & 0 \\ 0 & \lambda & 1 \\ 0 & 0 & \lambda \end{pmatrix}$$

演 習 問 題

6.1 $\mathbf{R}^4$ の部分空間 $\boldsymbol{V} = \{\, \boldsymbol{x} \in \mathbf{R}^4 \mid x_1 + x_2 + x_3 + x_4 = 0 \,\}$ において，ベクトル

$$\boldsymbol{v}_1 = \begin{pmatrix} 1 \\ -1 \\ 0 \\ 0 \end{pmatrix}, \quad \boldsymbol{v}_2 = \begin{pmatrix} 0 \\ 1 \\ -1 \\ 0 \end{pmatrix}, \quad \boldsymbol{v}_3 = \begin{pmatrix} 0 \\ 0 \\ 1 \\ -1 \end{pmatrix}$$

は基底である．線形写像 $f : \mathbf{R}^2 \longrightarrow \boldsymbol{V}$ を，

$$f\begin{pmatrix} x \\ y \end{pmatrix} = \begin{pmatrix} x+y \\ x-y \\ -x+y \\ -x-y \end{pmatrix}$$

で定義する．このとき，基底 $\boldsymbol{e}_1, \boldsymbol{e}_2 \in \mathbf{R}^2$ と基底 $\boldsymbol{v}_1, \boldsymbol{v}_2, \boldsymbol{v}_3 \in \boldsymbol{V}$ に関する f の行列表示を求めよ．

6.2 $\boldsymbol{v}_1, \boldsymbol{v}_2, \boldsymbol{v}_3$ をベクトル空間 $\boldsymbol{V}$ の基底とする．$\boldsymbol{V}$ の任意のベクトル

$$\boldsymbol{v} = a\,\boldsymbol{v}_1 + b\,\boldsymbol{v}_2 + c\,\boldsymbol{v}_3$$

に対してベクトル

$$f(\boldsymbol{v}) = b\,\boldsymbol{v}_1 + c\,\boldsymbol{v}_2 + a\,\boldsymbol{v}_3$$

を対応させる $\boldsymbol{V}$ の線形変換 f の基底 $\boldsymbol{v}_1, \boldsymbol{v}_2, \boldsymbol{v}_3$ に関する行列表示を求めよ．

6.3 変数 x の多項式 $f(x)$ に対して $f(x+1)$ を対応させる $\mathbf{R}[x]$ の線形変換を $\Sigma : \mathbf{R}[x] \to \mathbf{R}[x]$ とすると，Σ によって d 次以下の多項式は d 次以下の多項式に写される．このとき，$\mathbf{R}_{(3)}[x]$ の基底 $1, x, x^2, x^3$ に関する

$$\Sigma : \mathbf{R}_{(3)}[x] \longrightarrow \mathbf{R}_{(3)}[x]$$

の行列表示を求めよ．

6.4 $m \times n$ 行列 $\boldsymbol{A}$ が $\operatorname{rank} \boldsymbol{A} = 1$ を満たせば，m 次元列ベクトル $\boldsymbol{b}$ と n 次元行ベクトル $\boldsymbol{c}$ によって $\boldsymbol{A} = \boldsymbol{b}\boldsymbol{c}$ と表されることを示せ．

6. 5　2 次正方行列

$$\boldsymbol{\Lambda} = \begin{pmatrix} 2 & 0 \\ 0 & -1 \end{pmatrix}, \quad \boldsymbol{P} = \begin{pmatrix} 3 & 5 \\ 1 & 2 \end{pmatrix}$$

に対して，$\boldsymbol{A} = \boldsymbol{P}\boldsymbol{\Lambda}\boldsymbol{P}^{-1}$ の固有値と固有ベクトルを求めよ．

6. 6　次の各行列を対角化せよ．

(1) $\begin{pmatrix} 0 & 6 \\ -1 & 5 \end{pmatrix}$　(2) $\begin{pmatrix} 18 & -30 \\ 10 & -17 \end{pmatrix}$　(3) $\begin{pmatrix} 2 & 1 \\ 1 & 0 \end{pmatrix}$　(4) $\begin{pmatrix} 2 & -1 & -2 \\ 0 & 1 & -2 \\ 0 & 0 & -1 \end{pmatrix}$

付　　録

A.1　複　素　数

A.1.1　複 素 数 体

実数 $a, b \in \mathbf{R}$ に対して

$$c = a + b\boldsymbol{i}$$

の形の数を考え，これを複素数 (complex number) とよぶ．a を c の実部 (real part) とよび，$\Re c$ で表す．また，b を c の虚部 (imaginary part) とよび，$\Im c$ で表す．複素数全体の集合を $\mathbf{C}$ で表す．

実部が 0 である複素数 $0 + b\boldsymbol{i}$ を単に $b\boldsymbol{i}$ で表し純虚数とよぶ．虚部が 0 の場合，複素数 $a + 0\boldsymbol{i}$ を単に a で表して，実数 a と同一視する．したがって，実数の集合 $\mathbf{R}$ は，複素数の集合 $\mathbf{C}$ の部分集合ということになる．2 つの複素数は，実部どうし，虚部どうしがともに等しいとき，同じ複素数と考える．

複素数 $c_1 = a_1 + b_1\boldsymbol{i}$ と $c_2 = a_2 + b_2\boldsymbol{i}$ の和を

$$c_1 + c_2 = (a_1 + a_2) + (b_1 + b_2)\boldsymbol{i}$$

で定義する．この和に関して $\mathbf{C}$ は可換群になる．実際，複素数 $c_1 = a_1 + b_1\boldsymbol{i}$, $c_2 = a_2 + b_2\boldsymbol{i}$, $c_3 = a_3 + b_3\boldsymbol{i}$ の和は，どういう順序で計算しても結局

$$(a_1 + a_2 + a_3) + (b_1 + b_2 + b_3)\boldsymbol{i}$$

になり，明らかに結合法則と交換法則が成り立つ．加法に関する単位元 (ゼロ元) は，

$$0 \ (= 0 + 0\boldsymbol{i})$$

であり，加法に関する $c = a + b\boldsymbol{i}$ の逆元は，

$$-c = (-a) + (-b)\boldsymbol{i}$$

で与えられる．つまり，複素数を変数 $\boldsymbol{i}$ についての1次式と見なせば，複素数の和は，1次式としての和と同じものである．

複素数 $c_1 = a_1 + b_1\boldsymbol{i}$ と $c_2 = a_2 + b_2\boldsymbol{i}$ の積を

$$c_1c_2 = (a_1a_2 - b_1b_2) + (a_1b_2 + b_1a_2)\boldsymbol{i}$$

で定義する．これは，複素数を，変数 $\boldsymbol{i}$ の1次式と考えて積を計算した後，形式的に

$$\boldsymbol{i}^2 = -1$$

とおいたものである[*1)]．多項式の積が結合法則と交換法則を満たすことから，複素数の積も結合法則と交換法則を満たすことがわかる．乗法に関する単位元は

$$1\ (= 1 + 0\boldsymbol{i})$$

である．0以外の複素数 $c = a + b\boldsymbol{i}$ の乗法に関する逆元 $1/c$ は，次のようにして求めることができる．

$$(a + b\boldsymbol{i})(x + y\boldsymbol{i}) = 1$$

とすると，

$$(ax - by) + (bx + ay)\boldsymbol{i} = 1 + 0\boldsymbol{i}$$

だから，

$$\begin{pmatrix} a & -b \\ b & a \end{pmatrix}\begin{pmatrix} x \\ y \end{pmatrix} = \begin{pmatrix} 1 \\ 0 \end{pmatrix}$$

となる．$c \neq 0$ のとき，

$$\det\begin{pmatrix} a & -b \\ b & a \end{pmatrix} = a^2 + b^2 > 0$$

であるから，この連立1次方程式は解をもち，

$$\begin{pmatrix} x \\ y \end{pmatrix} = \frac{1}{a^2 + b^2}\begin{pmatrix} a \\ -b \end{pmatrix}$$

---

*1) 変数 $\boldsymbol{i}$ の多項式環を多項式 $\boldsymbol{i}^2 + 1$ の生成するイデアルによって割って得られる商環を考える，といえば正確だが，それがわかるぐらいなら，本書を読んではいないはず．

となる．よって，$a+b\boldsymbol{i}$ の逆元は

$$\frac{1}{a+b\boldsymbol{i}}=\frac{a}{a^2+b^2}+\frac{-b}{a^2+b^2}\boldsymbol{i}$$

である．

複素数 $c=a+b\boldsymbol{i}$，$c_1=a_1+b_1\boldsymbol{i}$，$c_2=a_2+b_2\boldsymbol{i}$ に対して分配法則

$$c(c_1+c_2)=cc_1+cc_2$$

が成り立つことは，両辺を直接計算することで容易に確かめられる．

以上で，複素数は足し算，引き算，かけ算と 0 以外の数による割り算が自由に行えて，体とよばれる代数的構造を有することがわかった．そこで，$\mathbf{C}$ を複素数体とよぶ．

A.1.2　複　素　共　役

複素数の演算を定義する際に導入した唯一の人為的な規則は，$\boldsymbol{i}^2=-1$ である．$-\boldsymbol{i}$ も $\boldsymbol{i}$ と同様にこの式を満たすから，$\boldsymbol{i}$ を一斉に $-\boldsymbol{i}$ で置き換えても，すべての関係式や性質はそのまま成り立つはずである．たとえば，

$$(a_1-b_1\boldsymbol{i})+(a_2-b_2\boldsymbol{i})=(a_1+a_2)-(b_1+b_2)\boldsymbol{i}$$
$$(a_1-b_1\boldsymbol{i})(a_2-b_2\boldsymbol{i})=(a_1a_2-b_1b_2)-(a_1b_2+b_1a_2)\boldsymbol{i}$$

などの式が成り立つ．

定義 A.1 (複素共役)　複素数 $c=a+b\boldsymbol{i}$ に対して，$\boldsymbol{i}$ を $-\boldsymbol{i}$ で置き換えて得られる複素数

$$\overline{c}=a-b\boldsymbol{i}$$

を c の共役 (conjugate) とよぶ．複素数 c を共役 $\overline{c}$ に写す $\mathbf{C}$ の変換を，複素共役 (complex conjugation) とよぶ．

複素数 c は，その共役と等しいとき，すなわち，$\overline{c}=c$ のとき，しかもそのときに限って，実数になる．複素数の実部，および虚部は，共役を用いて次のように表すことができる．

$$\Re c=\frac{c+\overline{c}}{2}\qquad \Im c=\frac{c-\overline{c}}{2\boldsymbol{i}}$$

次の性質が成り立つことはすでに示した．

$$\overline{c_1 + c_2} = \overline{c_1} + \overline{c_2}$$

$$\overline{c_1 c_2} = \overline{c_1}\,\overline{c_2}$$

また，複素数 $c_1, c_2 \in \mathbf{C}$ $(c_2 \neq 0)$ に対し $z = c_1/c_2$ とおくと，

$$c_2 z = c_1$$

だから，

$$\overline{c_2}\,\overline{z} = \overline{c_1}$$

であり，

$$\overline{z} = \overline{\left(\frac{c_1}{c_2}\right)} = \frac{\overline{c_1}}{\overline{c_2}}$$

も成り立つ．したがって，一般に，複素数 $c_1, \ldots, c_n$ から四則演算によって得られた式 $f(c_1, \ldots, c_n)$ があったとき，

$$\overline{f(c_1, \ldots, c_n)} = f(\overline{c_1}, \ldots, \overline{c_n})$$

が成り立つことがわかる．

命題 A.2　実数係数の多項式

$$f(z) = a_0 + a_1 z + a_2 z^2 + \cdots + a_n z^n$$

が与えられたとき，もし複素数 c が方程式 $f(z) = 0$ の解であれば，その共役 $\overline{c}$ も $f(z) = 0$ の解である．

証明　c が方程式 $f(z) = 0$ の解ということは，

$$a_0 + a_1 c + a_2 c^2 + \cdots + a_n c^n = 0$$

が成り立つということである．係数 a_i は実数なので $\overline{a}_i = a_i$ となることに注意してこの両辺の共役をとれば，

$$a_0 + a_1 \overline{c} + a_2 \overline{c}^2 + \cdots + a_n \overline{c}^n = 0$$

となり，$\overline{c}$ も $f(z) = 0$ の解であることがわかる．(証明終)

A. 1. 3 複素数の絶対値

定義 A.3 複素数 $c = a + b\boldsymbol{i}$ の絶対値 (absolute value) を,

$$|c| = \sqrt{a^2 + b^2}$$

で定義する.

このとき,

$$c\overline{c} = |c|^2$$

が成り立つ. また,

$$|\overline{c}| = |c|$$

となることも注意しておこう.

積の絶対値については, 複素数 c_1, c_2 に対し,

$$\begin{aligned} |c_1c_2|^2 &= c_1c_2\overline{c_1c_2} \\ &= (c_1\overline{c_1})(c_2\overline{c_2}) \\ &= |c_1|^2|c_2|^2 \end{aligned}$$

であるから,

$$|c_1c_2| = |c_1|\,|c_2|$$

が成り立つ. これから, 商の絶対値について

$$\left|\frac{c_1}{c_2}\right| = \frac{|c_1|}{|c_2|}$$

が成り立つことも容易にわかる.

和の絶対値 $|c_1 + c_2|$ に関しては, 積の場合のような簡単な関係式は存在しない.

A. 1. 4 複 素 平 面

複素数体 $\mathbf{C}$ は実ベクトル空間と考えれば, 2 次元ベクトル空間であって,

$$1,\ \boldsymbol{i}$$

がその基底を与えるから, パラメータ表示

$$\phi : \mathbf{R}^2 \longrightarrow \mathbf{C}$$

によって $\mathbf{C}$ は 2 次元列ベクトル空間 $\mathbf{R}^2$ と同一視することができる．このとき，複素数の和と実数倍は，ベクトルとしての和と実数倍と同じものである．複素数の絶対値は，ベクトルとしての大きさに他ならない．

さらに，$\mathbf{R}^2$ はユークリッド平面でもあった．$\mathbf{C}$ をユークリッド平面と同一視したとき，複素平面とよぶ．その場合，複素数 $c \in \mathbf{C}$ を，点 c といったりもする．また，x 軸を実軸，y 軸を虚軸とよぶ．点 $c_1, c_2 \in \mathbf{C}$ 間の距離は，

$$d(c_1, c_2) = |c_2 - c_1|$$

で与えられる．複素共役は，実軸に関する線対称変換である．

複素数の積の幾何学的意味を述べるために，極座標を導入しよう．複素数 $c = a + b\boldsymbol{i}\ (\neq 0)$ が与えられたとき，c の絶対値を $r = |c|$ とすれば，c/r は大きさが 1 であるから，単位円上に存在し，

$$\frac{c}{r} = \cos\theta + \boldsymbol{i}\sin\theta \qquad (0 \leq \theta < 2\pi)$$

と表される．したがって，複素数 c は，

$$c = r(\cos\theta + \boldsymbol{i}\sin\theta) \qquad (0 \leq \theta < 2\pi)$$

と表すことができる[*2)]．ここで，θ を複素数 c の偏角 (argument) とよび，$\arg c$ で表す．

さて，もう 1 つの複素数

$$z = s(\cos\varphi + \boldsymbol{i}\sin\varphi)$$

が与えられたとき，三角関数の加法公式を用いれば

$$\begin{aligned} cz &= rs(\cos\theta + \boldsymbol{i}\sin\theta)(\cos\varphi + \boldsymbol{i}\sin\varphi) \\ &= rs((\cos\theta\cos\varphi - \sin\theta\sin\varphi) + \boldsymbol{i}(\sin\theta\cos\varphi + \cos\theta\sin\varphi)) \\ &= rs(\cos(\theta + \varphi) + \boldsymbol{i}\sin(\theta + \varphi)) \end{aligned}$$

となる．積 cz の絶対値が絶対値の積 rs になることは，以前にも述べた．一方，積 cz の偏角は，それぞれの偏角の和になる．

[*2)] $\sin\theta\boldsymbol{i}$ と書くと，複素関数の意味での $\sin(\theta\boldsymbol{i})$ と紛らわしいので $\boldsymbol{i}\sin\theta$ と書く．

$$\arg cz = \arg c + \arg z$$

複素数 $c = r(\cos\theta + \boldsymbol{i}\sin\theta) \in \mathbf{C}$ が与えられたとき，写像

$$\mu_c : \mathbf{C} \longrightarrow \mathbf{C}$$

を，$z \in \mathbf{C}$ に対して

$$\mu_c(z) = cz$$

と定義すると，μ_c は

(I) $\mu_c(z_1 + z_2) = c(z_1 + z_2) = cz_1 + cz_2 = \mu_c(z_1) + \mu_c(z_2) \quad (z_1, z_2 \in \mathbf{C})$

(II) $\mu_c(\lambda z) = c(\lambda z) = \lambda cz = \lambda\mu_c(z) \quad (z \in \mathbf{C},\ \lambda \in \mathbf{R})$

を満たし，線形写像である．μ_c で $1, \boldsymbol{i}$ を写せば，

$$\mu_c(1) = r\cos\theta + (r\sin\theta)\boldsymbol{i}$$
$$\mu_c(\boldsymbol{i}) = -r\sin\theta + (r\cos\theta)\boldsymbol{i}$$

となるので，μ_c の基底 $1, \boldsymbol{i}$ に関する行列表示は

$$\begin{pmatrix} r\cos\theta & -r\sin\theta \\ r\sin\theta & r\cos\theta \end{pmatrix} = r\begin{pmatrix} \cos\theta & -\sin\theta \\ \sin\theta & \cos\theta \end{pmatrix}$$

である．すなわち μ_c は，原点を中心とした θ 回転と，原点を中心とした r 倍拡大写像の合成である．

したがって，一般に，複素数の 1 次式で与えられる写像

$$z \longmapsto c_0 + c_1 z$$

は，複素平面の相似変換になる．

演習問題の解答

1.1　与えられた連立 1 次方程式から係数を抜き出して掃き出しを行えば

$$\left(\begin{array}{cccc|c} 1 & 1 & 1 & 0 & 1 \\ 1 & 1 & 0 & 1 & 1 \\ 1 & 0 & 1 & 1 & 1 \\ 0 & 1 & 1 & 1 & 1 \end{array}\right) \Longrightarrow \left(\begin{array}{cccc|c} 1 & 0 & 0 & 0 & 1/3 \\ 0 & 1 & 0 & 0 & 1/3 \\ 0 & 0 & 1 & 0 & 1/3 \\ 0 & 0 & 0 & 1 & 1/3 \end{array}\right)$$

となるから，解は次のようになる．

$$\begin{pmatrix} x_1 \\ x_2 \\ x_3 \\ x_4 \end{pmatrix} = \begin{pmatrix} 1/3 \\ 1/3 \\ 1/3 \\ 1/3 \end{pmatrix}$$

1.2　行列 $\boldsymbol{A}$ に掃き出しを行えば，

$$\boldsymbol{A} \Longrightarrow \left(\begin{array}{ccc|c} 1 & 2 & 0 & 3 \\ 0 & 0 & 1 & 2 \\ 0 & 0 & 0 & 0 \end{array}\right)$$

となる．ピボットに対応しない変数 y にパラメータを設定して，$y = t$ とおけば，与えられた連立 1 次方程式の解は次で表される．

$$\begin{pmatrix} x \\ y \\ z \end{pmatrix} = \begin{pmatrix} 3 \\ 0 \\ 2 \end{pmatrix} + t \begin{pmatrix} -2 \\ 1 \\ 0 \end{pmatrix} \qquad (t \in \mathbf{R})$$

1.3　与えられた連立 1 次方程式から係数を抜き出して掃き出しを行えば

$$\begin{pmatrix} 1 & 0 & 3 & 0 & 2 \\ 2 & 1 & 2 & 1 & 3 \\ 2 & 2 & -2 & 2 & 2 \\ 3 & 2 & 1 & 2 & 4 \end{pmatrix} \Longrightarrow \left(\begin{array}{cccc|c} 1 & 0 & 3 & 0 & 2 \\ 0 & 1 & -4 & 1 & -1 \\ 0 & 0 & 0 & 0 & 0 \\ 0 & 0 & 0 & 0 & 0 \end{array}\right)$$

となる．ピボットに対応しない変数 x_3, x_4 にパラメータを設定して，$x_3 = a,\ x_4 = b$ とおけば，解は次のように表される．

$$\begin{pmatrix} x_1 \\ x_2 \\ x_3 \\ x_4 \end{pmatrix} = \begin{pmatrix} 2 \\ -1 \\ 0 \\ 0 \end{pmatrix} + a \begin{pmatrix} -3 \\ 4 \\ 1 \\ 0 \end{pmatrix} + b \begin{pmatrix} 0 \\ -1 \\ 0 \\ 1 \end{pmatrix} \qquad (a, b \in \mathbf{R})$$

1. 4 与えられた連立 1 次方程式から係数を抜き出して掃き出しを行えば

$$\begin{pmatrix} 0 & 0 & 1 & 2 & 2 & 2 & 4 \\ 2 & 2 & 3 & 3 & 6 & 6 & 6 \end{pmatrix} \Longrightarrow \left(\begin{array}{cccccc|c} 1 & 1 & 0 & -\frac{3}{2} & 0 & 0 & -3 \\ 0 & 0 & 1 & 2 & 2 & 2 & 4 \end{array}\right)$$

となるから，ピボットに対応しない変数 x_2, x_4, x_5, x_6 にそれぞれパラメータ $a, b, c, d \in \mathbf{R}$ を設定すれば，解は次で与えられる．

$$\begin{pmatrix} x_1 \\ x_2 \\ x_3 \\ x_4 \\ x_5 \\ x_6 \end{pmatrix} = \begin{pmatrix} -3 \\ 0 \\ 4 \\ 0 \\ 0 \\ 0 \end{pmatrix} + a \begin{pmatrix} -1 \\ 1 \\ 0 \\ 0 \\ 0 \\ 0 \end{pmatrix} + b \begin{pmatrix} \frac{3}{2} \\ 0 \\ -2 \\ 1 \\ 0 \\ 0 \end{pmatrix} + c \begin{pmatrix} 0 \\ 0 \\ -2 \\ 0 \\ 1 \\ 0 \end{pmatrix} + d \begin{pmatrix} 0 \\ 0 \\ -2 \\ 0 \\ 0 \\ 1 \end{pmatrix}$$

1. 5 与式から係数を取り出して行列を作ると

$$\left(\begin{array}{ccc|c} 1 & 1 & 1 & 1 \end{array}\right)$$

となるが，これはすでに掃き出しが終わった形になっている．ピボットに対応しない変数にパラメータを設定して，$y = a,\ z = b$ とおくと，解は

$$\begin{pmatrix} x \\ y \\ z \end{pmatrix} = \begin{pmatrix} 1 \\ 0 \\ 0 \end{pmatrix} + a \begin{pmatrix} -1 \\ 1 \\ 0 \end{pmatrix} + b \begin{pmatrix} -1 \\ 0 \\ 1 \end{pmatrix} \quad (a, b \in \mathbf{R})$$

と表すことができる．

2. 1 (1) 11 (2) $\begin{pmatrix} 3 & 6 \\ 4 & 8 \end{pmatrix}$ (3) $11^{n-1} \begin{pmatrix} 3 & 6 \\ 4 & 8 \end{pmatrix}$

2. 2 (1) $\boldsymbol{A}^2 = \mathbf{1}$ (2) したがって，$\boldsymbol{A}$ の逆行列は $\boldsymbol{A}$ 自身である．

2. 3 (1) $\boldsymbol{ABC} = \mathbf{1}$ (2) よって $\boldsymbol{A}$ の逆行列は $\boldsymbol{BC}$ であるから，$\boldsymbol{BCA} = \mathbf{1}$.

(3) よって $\boldsymbol{B}$ の逆行列は $\boldsymbol{CA}$ であるから，$\boldsymbol{CAB}=\mathbf{1}$.

2. 4　(1) $\begin{pmatrix} 0 & \frac{1}{2} & 0 \\ 2 & 0 & -1 \\ -3 & 0 & 2 \end{pmatrix}$　(2) $\begin{pmatrix} 2 & -4 & 12 & -48 \\ 0 & 2 & -6 & 24 \\ 0 & 0 & 3 & -12 \\ 0 & 0 & 0 & 4 \end{pmatrix}$

(3) $\begin{pmatrix} \frac{65}{3} & -4 & -8 & 2 \\ 0 & 1 & 0 & 0 \\ -\frac{32}{3} & 2 & 4 & -1 \\ 8 & -2 & -3 & 1 \end{pmatrix}$

2. 5　$\boldsymbol{A}=(\boldsymbol{A}^{-1})^{-1}=\begin{pmatrix} \frac{1}{2} & 4 & 2 \\ 0 & 5 & -2 \\ 0 & -2 & 1 \end{pmatrix}$

2. 6　(1) ($\boldsymbol{AB}=\mathbf{1}$ を確かめる．)　(2) $\boldsymbol{x}=\boldsymbol{A}^{-1}\boldsymbol{c}=\boldsymbol{Bc}=\begin{pmatrix} 5 \\ 6 \\ 3 \end{pmatrix}$

3. 1　(1) $\sigma^{-1}=\begin{pmatrix} 1 & 2 & 3 & 4 \\ 4 & 3 & 1 & 2 \end{pmatrix}$　(2) $\sigma\tau\sigma^{-1}=\begin{pmatrix} 1 & 2 & 3 & 4 \\ 2 & 1 & 4 & 3 \end{pmatrix}$

(3) $\operatorname{sgn}(\sigma)=-1$　(4) $\operatorname{sgn}(\sigma^9)=\operatorname{sgn}(\sigma)^9=-1$

3. 2　(1) 0　(2) -3　(3) 12　(4) $(b-a)(c-a)(c-b)$

(5) 第 2 行と第 3 行，第 2 列と第 3 列を入れ替える．

$$\det\begin{pmatrix} a & b & 0 & 0 \\ c & d & 0 & 0 \\ 0 & 0 & a & b \\ 0 & 0 & c & d \end{pmatrix}=(ad-bc)^2$$

3. 3　(1) $\det\boldsymbol{A}=1\cdot 2\cdot 3\cdot 4=24$　(2) 第 1 列について展開すれば，

$$\det(\boldsymbol{A}+\boldsymbol{B})=1\det\begin{pmatrix} 2 & 6 & 9 \\ 0 & 3 & 7 \\ 0 & 0 & 4 \end{pmatrix}-a\det\begin{pmatrix} 5 & 8 & 10 \\ 0 & 3 & 7 \\ 0 & 0 & 4 \end{pmatrix}=24-60a$$

3. 4　(1) $D_2=t^2-1$　(2) $D_3=t^3-2t$　(3) $D_n=tD_{n-1}-D_{n-2}\ (n\geq 4)$

(4) 漸化式を順次適用すると，$D_4=t^4-3t^2+1$，$D_5=t^5-4t^3+3t$ となる．

3. 5 $x=\dfrac{ed-bf}{ad-bc}$, $y=\dfrac{af-ec}{ad-bc}$

4. 1 $\overrightarrow{AB}=\begin{pmatrix}2\\3\\6\end{pmatrix}$, $\overrightarrow{AC}=\begin{pmatrix}8\\5\\3\end{pmatrix}$, $\overrightarrow{AB}\times\overrightarrow{AC}=7\begin{pmatrix}-3\\6\\-2\end{pmatrix}$ より,

(1) $|\overrightarrow{AB}|=7$ (2) $\begin{pmatrix}x\\y\\z\end{pmatrix}=\begin{pmatrix}1\\1\\2\end{pmatrix}+t\begin{pmatrix}2\\3\\6\end{pmatrix}$ $(t\in\mathbf{R})$

(3) $\angle BAC=\theta$ とおくと, $\cos\theta=\dfrac{\overrightarrow{AB}\cdot\overrightarrow{AC}}{\overline{AB}\,\overline{AC}}=\dfrac{1}{\sqrt{2}}$ より $\theta=\dfrac{\pi}{4}$.

(4) $\triangle ABC=\dfrac{1}{2}|\overrightarrow{AB}\times\overrightarrow{AC}|=\dfrac{49}{2}$ (5) $-3x+6y-2z+1=0$

4. 2 (1) $|\boldsymbol{a}_1|=|\boldsymbol{a}_2|=1$ (2) $\boldsymbol{a}_1\cdot\boldsymbol{a}_2=0$

(3) $\boldsymbol{a}_1\times\boldsymbol{a}_2=\begin{pmatrix}\frac{1}{3}\\-\frac{2}{3}\\\frac{2}{3}\end{pmatrix}$ (4) $\pm\begin{pmatrix}\frac{1}{3}\\-\frac{2}{3}\\\frac{2}{3}\end{pmatrix}$ (5) $\pm\begin{pmatrix}\frac{1}{2}\\-\frac{1}{2}\\-\frac{1}{2}\\\frac{1}{2}\end{pmatrix}$

4. 3 $a_1b_2-a_2b_1+b_1c_2-b_2c_1+c_1a_2-c_2a_1$

4. 4 (1) $\dfrac{1}{2}\sqrt{a^2b^2+b^2c^2+c^2a^2}$ (2) 求める距離 h は, $\triangle ABC$ を底面と考えたときの四面体 $OABC$ の高さであるが, 四面体 $OABC$ の体積を考えれば,

$$\frac{1}{6}h\sqrt{a^2b^2+b^2c^2+c^2a^2}=\frac{1}{6}abc$$

なので,

$$h=\frac{abc}{\sqrt{a^2b^2+b^2c^2+c^2a^2}}.$$

4. 5 (1) H_1 と H_2 の方程式を連立させて解けば,

$$\begin{pmatrix}x\\y\\z\end{pmatrix}=\begin{pmatrix}1\\0\\0\end{pmatrix}+t\begin{pmatrix}-5\\1\\1\end{pmatrix}\qquad(t\in\mathbf{R})$$

を得る. これが H_1 と H_2 の交わりの直線の方程式である. (2) $\pi/6$

4. 6 (1) 式 L を式 H に代入して $t=1$ を得る. よって交点は, $\begin{pmatrix}5\\-2\\3\end{pmatrix}$. (2)

直線 L の方向ベクトルと平面 H の法線ベクトルのなす角を求めると $2\pi/3$ となるので，L と H の法線とのなす角は $\pi/3$ であり，L と H のなす角は $\pi/2-\pi/3=\pi/6$.

4.7

$$P=\begin{pmatrix}1\\1\\1\end{pmatrix}\quad Q=\begin{pmatrix}2\\3\\4\end{pmatrix}\quad \boldsymbol{v}=\begin{pmatrix}0\\1\\1\end{pmatrix}\times\begin{pmatrix}1\\2\\0\end{pmatrix}=\begin{pmatrix}-2\\1\\-1\end{pmatrix}$$

とおくとき，求める距離は $\overrightarrow{PQ}$ の $\boldsymbol{v}$ への射影の長さに等しいから，

$$\frac{|\overrightarrow{PQ}\cdot\boldsymbol{v}|}{|\boldsymbol{v}|}=\frac{\sqrt{3}}{\sqrt{2}}.$$

4.8 $\quad\dfrac{|ax_0+by_0+cz_0+d|}{\sqrt{a^2+b^2+c^2}}$

5.1 $\boldsymbol{v}_1,\boldsymbol{v}_2\in\boldsymbol{U}\cap\boldsymbol{V}$ とすると，$\boldsymbol{v}_1,\boldsymbol{v}_2\in\boldsymbol{U}$ で，$\boldsymbol{U}$ は部分空間だから $\boldsymbol{v}_1+\boldsymbol{v}_2\in\boldsymbol{U}$. $\boldsymbol{v}_1,\boldsymbol{v}_2\in\boldsymbol{V}$ で，$\boldsymbol{V}$ は部分空間だから $\boldsymbol{v}_1+\boldsymbol{v}_2\in\boldsymbol{V}$. よって，$\boldsymbol{v}_1+\boldsymbol{v}_2\in\boldsymbol{U}\cap\boldsymbol{V}$.

また，$\boldsymbol{v}\in\boldsymbol{U}\cap\boldsymbol{V}$ とすると，任意の $\lambda\in\mathbf{R}$ に対して，$\boldsymbol{v}\in\boldsymbol{U}$ より $\lambda\boldsymbol{v}\in\boldsymbol{U}$. $\boldsymbol{v}\in\boldsymbol{V}$ より $\lambda\boldsymbol{v}\in\boldsymbol{V}$. よって，$\lambda\boldsymbol{v}\in\boldsymbol{U}\cap\boldsymbol{V}$.

以上で，$\boldsymbol{U}\cap\boldsymbol{V}$ が部分空間であることがわかった.

5.2 (1) 1 次独立 (2) $\boldsymbol{v}_1+\boldsymbol{v}_2+\boldsymbol{v}_3=\boldsymbol{0}$ なので 1 次従属. (3) たとえば $\boldsymbol{e}_1$

5.3 $\boldsymbol{V}$ の基底

$$\boldsymbol{v}_1=\begin{pmatrix}-1\\1\\0\end{pmatrix},\quad \boldsymbol{v}_2=\begin{pmatrix}-1\\0\\1\end{pmatrix}$$

を f で写せば，$f(\boldsymbol{v}_1)=\boldsymbol{e}_1$，$f(\boldsymbol{v}_2)=\boldsymbol{e}_2$ となる. f は基底を基底に写すから線形同型写像である.

5.4 (1) $\operatorname{rank}\boldsymbol{A}=2$ (2) $\dim\operatorname{Ker}\boldsymbol{A}=3$

(3) $\begin{pmatrix}1\\0\\0\end{pmatrix},\begin{pmatrix}0\\1\\0\end{pmatrix}$ (4) $\begin{pmatrix}-2\\1\\0\\0\\0\end{pmatrix},\begin{pmatrix}-3\\0\\-5\\1\\0\end{pmatrix},\begin{pmatrix}-4\\0\\-6\\0\\1\end{pmatrix}$

5.5 (1) $\operatorname{rank}\boldsymbol{A}=2$ (2) $\dim\operatorname{Ker}\boldsymbol{A}=1$

(3) $\begin{pmatrix} 1 \\ 2 \\ 3 \\ 4 \\ 5 \end{pmatrix}$, $\begin{pmatrix} 2 \\ 2 \\ 2 \\ 2 \\ 2 \end{pmatrix}$ (4) $\begin{pmatrix} 0 \\ -1 \\ 1 \end{pmatrix}$

6. 1 $f(\boldsymbol{e}_1) = 1\boldsymbol{v}_1 + 2\boldsymbol{v}_2 + 1\boldsymbol{v}_3$, $f(\boldsymbol{e}_2) = 1\boldsymbol{v}_1 + 0\boldsymbol{v}_2 + 1\boldsymbol{v}_3$ より f の行列表示は，$\begin{pmatrix} 1 & 1 \\ 2 & 0 \\ 1 & 1 \end{pmatrix}$ である．

6. 2 $\begin{pmatrix} 0 & 1 & 0 \\ 0 & 0 & 1 \\ 1 & 0 & 0 \end{pmatrix}$

6. 3 $\begin{pmatrix} 1 & 1 & 1 & 1 \\ 0 & 1 & 2 & 3 \\ 0 & 0 & 1 & 3 \\ 0 & 0 & 0 & 1 \end{pmatrix}$

6. 4 定理 6.1 より，$\operatorname{rank} \boldsymbol{A} = 1$ ならば，n 次正則行列 $\boldsymbol{P}$ と m 次正則行列 $\boldsymbol{Q}$ によって，

$$\boldsymbol{A} = \boldsymbol{Q} \begin{pmatrix} 1 \\ 0 \\ \vdots \\ 0 \end{pmatrix} \begin{pmatrix} 1 & 0 & \ldots & 0 \end{pmatrix} \boldsymbol{P}^{-1}$$

と表すことができる．このとき，

$$\boldsymbol{b} = \boldsymbol{Q} \begin{pmatrix} 1 \\ 0 \\ \vdots \\ 0 \end{pmatrix}, \quad \boldsymbol{c} = \begin{pmatrix} 1 & 0 & \ldots & 0 \end{pmatrix} \boldsymbol{P}^{-1}$$

はそれぞれ m 次元列ベクトル，n 次元行ベクトルで，$\boldsymbol{A} = \boldsymbol{bc}$ である．

6. 5 固有値は $2, -1$ で，それぞれの固有値に付随する固有ベクトルとして，$\begin{pmatrix} 3 \\ 1 \end{pmatrix}$,

$\begin{pmatrix} 5 \\ 2 \end{pmatrix}$ をとることができる.

6.6 各行列を $\boldsymbol{A}$ と書く.

(1) $\boldsymbol{P} = \begin{pmatrix} 2 & 3 \\ 1 & 1 \end{pmatrix}$ とおけば，$\boldsymbol{P}^{-1}\boldsymbol{A}\boldsymbol{P} = \begin{pmatrix} 3 & 0 \\ 0 & 2 \end{pmatrix}$.

(2) $\boldsymbol{P} = \begin{pmatrix} 2 & 3 \\ 1 & 2 \end{pmatrix}$ とおけば，$\boldsymbol{P}^{-1}\boldsymbol{A}\boldsymbol{P} = \begin{pmatrix} 3 & 0 \\ 0 & -2 \end{pmatrix}$.

(3) $\boldsymbol{P} = \begin{pmatrix} 1+\sqrt{2} & 1-\sqrt{2} \\ 1 & 1 \end{pmatrix}$ により，$\boldsymbol{P}^{-1}\boldsymbol{A}\boldsymbol{P} = \begin{pmatrix} 1+\sqrt{2} & 0 \\ 0 & 1-\sqrt{2} \end{pmatrix}$.

(4) $\boldsymbol{P} = \begin{pmatrix} 1 & 1 & 1 \\ 0 & 1 & 1 \\ 0 & 0 & 1 \end{pmatrix}$ とおけば，$\boldsymbol{P}^{-1}\boldsymbol{A}\boldsymbol{P} = \begin{pmatrix} 2 & 0 & 0 \\ 0 & 1 & 0 \\ 0 & 0 & -1 \end{pmatrix}$.

索　引

記号・欧字

ア　行

カ　行

サ 行

タ　行

ナ　行

ハ　行

マ　行

ヤ　行

著者略歴

和田昌昭（わだ まさあき）

1958年　大阪府に生まれる

1986年　コロンビア大学大学院数学専攻修了

現　在　大阪大学大学院情報科学研究科

　　　　情報基礎数学専攻 教授・Ph.D.

現代基礎数学3

線形代数の基礎　　定価はカバーに表示

2009年5月25日　初版第1刷

2018年11月25日　第4刷

著　者　和　田　昌　昭

発行者　朝　倉　誠　造

発行所　株式会社 朝　倉　書　店

東京都新宿区新小川町6-29

郵便番号　162-8707

電　話　03(3260)0141

FAX　03(3260)0180

http://www.asakura.co.jp

〈検印省略〉

© 2009〈無断複写・転載を禁ず〉

中央印刷・渡辺製本

ISBN 978-4-254-11753-0 C 3341　　Printed in Japan

JCOPY ＜(社)出版者著作権管理機構 委託出版物＞

本書の無断複写は著作権法上での例外を除き禁じられています．複写される場合は，そのつど事前に，(社) 出版者著作権管理機構（電話 03-3513-6969，FAX 03-3513-6979，e-mail: info@jcopy.or.jp）の許諾を得てください．

好評の事典・辞典・ハンドブック

数学オリンピック事典	野口　廣 監修	B５判 864頁
コンピュータ代数ハンドブック	山本　慎ほか 訳	A５判 1040頁
和算の事典	山司勝則ほか 編	A５判 544頁
朝倉 数学ハンドブック［基礎編］	飯高　茂ほか 編	A５判 816頁
数学定数事典	一松　信 監訳	A５判 608頁
素数全書	和田秀男 監訳	A５判 640頁
数論<未解決問題>の事典	金光　滋 訳	A５判 448頁
数理統計学ハンドブック	豊田秀樹 監訳	A５判 784頁
統計データ科学事典	杉山高一ほか 編	B５判 788頁
統計分布ハンドブック（増補版）	蓑谷千凰彦 著	A５判 864頁
複雑系の事典	複雑系の事典編集委員会 編	A５判 448頁
医学統計学ハンドブック	宮原英夫ほか 編	A５判 720頁
応用数理計画ハンドブック	久保幹雄ほか 編	A５判 1376頁
医学統計学の事典	丹後俊郎ほか 編	A５判 472頁
現代物理数学ハンドブック	新井朝雄 著	A５判 736頁
図説ウェーブレット変換ハンドブック	新　誠一ほか 監訳	A５判 408頁
生産管理の事典	圓川隆夫ほか 編	B５判 752頁
サプライ・チェイン最適化ハンドブック	久保幹雄 著	B５判 520頁
計量経済学ハンドブック	蓑谷千凰彦ほか 編	A５判 1048頁
金融工学事典	木島正明ほか 編	A５判 1028頁
応用計量経済学ハンドブック	蓑谷千凰彦ほか 編	A５判 672頁

価格・概要等は小社ホームページをご覧ください.